舌尖上的東協

Taste ASEAN

胖胖樹 王瑞閔 著

承載鄉愁的東南亞蔬果

十幾年前曾聽一位嬸婆談起楦梧，她說現在市面上的水果都不好吃，就楦梧的果子最好吃，令她難以忘懷！剛聽到這種說法時，心中充滿疑問，想想楦梧果子小，又沒啥香味，而在台灣能吃到的水果種類之多、品質之好，在世界上也算是名列前茅了，似乎怎樣也輪不到楦梧呀？隨著年紀漸長，我似乎也愈來愈能了解爲何嬸婆要這樣說了。

離鄉背井的人們，總是特別懷念媽媽的味道與故鄉的餐飲，也因此總要想方設法弄一些家鄉慣常食用或利用的植物，不但回味舊時記憶，又可解鄉愁。難怪只要有來自東南亞一帶的移工或外配聚集的地方，就有一些特殊的植物出現。

我自詡認識的植物不少，也一直持續記錄引進台灣種植的植物，在第一次到信國社區、中壢火車站、華新市場等地時，雖然開了眼界，挫折感卻也不小。好幾種不認識的植物，由於常常是無花、無果，或是只有花苞或種子，花了我很多時間才確認它們的身分，其中有許多種類是和本書的作者——胖胖樹（王瑞閔）一起查考、討論出來的。

如今，若您想了解有關這些植物的自然史與相關的人文史，《舌尖上的東協》是很好的選擇！它是由《福爾摩沙雨林植物誌》（本書作者的另一大作）中的幾個章節，從和東南亞移民、移工相關的植物與食物入手，介紹其背後的地理、歷史、文化與悲歡離合。藉由本書我們除了可以認識許多植物外，同時也能解答過去心中的眾多疑惑，例如，爲何越南小吃攤位會賣法國麵包？爲何廣東一帶的居民，會種那開花不太繽紛的竹芋類植物（尖苞柊葉）？那些五顏六色的飯或糕點，顏色是從何而來？

藉由胖胖樹嚴謹的考究、豐富的學識及流暢的文筆，《舌尖上的東協》無疑打開了我們另一個視野，因此樂於向大家特別推薦！

國立自然科學博物館
副研究員
王秋美

遇見台灣華萊士

憑著小時候種綠豆和最近種太空包香菇的成功經驗，我才剛剛夜郎自大地自詡種植達人，然後，就看到胖胖樹的《福爾摩沙雨林植物誌》和即將出版的《舌尖上的東協》，真是驚呆了，覺得好可怕，世界上怎麼會有這樣的神人？

胖胖樹不像航行世界的達爾文、華萊士那樣，背後有皇室或大商人支持出海探險。他僅憑一腔熱血，在工作之餘走南闖北，一筆一筆仔細記錄台灣各地的植物，追索其來源。在他的書裡，兩株我看起來明明一模一樣的小苗，他偏偏可以挑出差異，再從頭細說，簡直是植物人類學家（不能簡稱植物人哦）！

《舌尖上的東協》脫胎自《福爾摩沙雨林植物誌》其中幾個章節，再加強力度深入考察和東南亞移民、移工相關的植物與食物。可貴的是，內容不是學究式的教科書紀錄，而是處處流露著人道關懷與歷史縱深。兩本書談的都不只是植物或食物，而是從植物與食物入手，談背後更大跨度的地理、歷史、文化與悲歡離合。

尤其當我看到書裡寫到辣椒、鳳梨、芒果、檳榔、蓮霧、芋頭、含羞草……這些都是「外來植物」時，不禁一邊驚訝，一邊想到所謂「本土」和「外來」的虛妄。

人們總是這樣：知道的愈多，愈覺得分類很難，必須仔細謹慎；反而是知道的愈少，愈自以爲是，愈樂於劃界，愈喜歡自建壁壘。台灣看似孤單單的一座島嶼，其實早就和全世界勾搭了千絲萬縷，難捨難分。中國明明那麼大、那麼各式各樣多元龐雜，卻老愛統一，不容異議。

書很好看，文筆流暢又有眞情，知識量十足。但是我有自覺，我還是繼續五穀不分好了。

「燦爛時光東南亞主題書店」
創辦人

張正

推薦序

一本眞切品嚐東南亞飲食文化，以及香草與香料生態系絡的好書

我認識王瑞閔老師的時間並不久，是從他親臨台中東協廣場「SEAT — 南方時驗室」分享東南亞香草、香料經驗開始。聽過王老師幾次精采的演講，我，不知怎地，很本能地成爲他的觀眾、他的書迷，當然，更被他「視草木如己命」的態度給打動。

「視草木如己命」的精神總是誕生不易，需要有與植物「同體一心」的人格特質，時而夾雜似水柔情之人性，時而具備觀察植物生生不息的銳敏（瑞閔）金剛心。

這本《舌尖上的東協》（以下簡稱《舌》）延續王老師《看不見的雨林——福爾摩沙雨林植物誌》一書，採取另一種方式書寫東南亞飲食文化與香草、香料。這是一種兼具東南亞國家文化系絡與香草、香料的經驗分享與論述手法，讓讀者沉浸於認識各香草、香料之餘，又能很快地鳥瞰東南亞國家的政治社會與香草、香料間的緊密關係。一切有關東南亞植物或香草、香料的生態系絡，皆能在《舌》中一覽無遺。

雖然「植物」與「眾生」最大的不同處在於前者缺乏「情識」，但平凡如後者的我們，卻總是拙於對周遭環境進行敏銳觀察，因而導致情感失能。然而，從這幾個月與王老師的對話、

分享與著作閱讀中，我深刻體會他善待每株植物的平等心與緣起大慈，這是他最獨一無二、讓人感動之所在。

這樣的態度，理所當然造就王老師獨一無二的寫作方式，而且是一般學者的書寫功力所不能及。《舌》的整本章節架構並非如坊間的植物百科全書一般，雖知識滿滿但缺乏情感；相反地，本書整體充分反映作者善於整理、組織資料的先天才能，加上他對植物的關懷異於常人，書中的內容與骨架才得以「魂」然天成。

《舌》分成兩部來處理。

第一部「東協各國飲食特色」中共有九個章節，每個章節分別對應一個國家與其發生在我們平常感官經驗得到，並且在東南亞人日常生活中扮演重要角色的香草、香料介紹。「鄭和下西洋到地理大發現」中，王老師展現驚人的歷史文獻考究功力，不僅從馬歡的《瀛涯勝覽》歸納鄭和下西洋所遺留下的物產名稱，更從元朝汪大淵的《島夷志略》來理解當時東南亞物產與中國海外貿易之深厚關係。王老師在「越南：西貢小姐與白霞」則從我們耳熟能詳的音樂劇《西貢小姐》爲起點，開始梳理「北越重鹹南越甜」、台灣越南餐廳口味、法國殖民影響下的越南菜色之間的複雜關係。一直到「印尼：金翅鳥盤旋的香料群島」與「菲律賓：不要叫我瑪麗亞」，頁頁顯見王老師在東南亞飲食與植物在當地歷史脈絡形成的論述張力。

第二部「在台灣尋找東協的滋味」則有十二個章節，從「台中東協廣場」出發，開始向外書寫輻射到台北車站印尼街的斑蘭丸子、台北中山北路小馬尼拉的炸香蕉與紫山藥蛋糕、木柵越南街、中和華新街，直到屏東里港信國社區，再繞回「公館：被遺忘的第一條東南亞街」……族繁不及備載。第二部讓讀者猶如搭乘「吃速列車」，從台灣頭到台灣尾，彷彿實際走訪了朝聖之旅，從《舌》中找出一條從台灣到東協的「東南亞香草絲路」。

本書最讓人愛不釋手的，特別是透過東南亞香草、香料和東南亞國家歷史前後呼應的論述方式，順勢介紹了一百一十二種東南亞植物，這一百一十二種植物，或我們已經熟知，或我們前所未聞，王老師皆分別仔細向讀者交代各種植物的來龍去脈，如同「東南亞香草、香料護照」一般，從「鄭和下西洋到地理大發現」的西米、亞答子，到「菲律賓：不要叫我瑪麗亞」的胭脂樹；從「台中東協廣場」的臭豆、水合歡、田菁、睡蓮花、泰國黃瓜、越南蕶茅、沼菊、甲猜、沙梨橄欖、爪哇榅桲、紅毛榴槤、人心果、牛奶果、黃皮果、山陀兒、泰國花椒，到「熟悉又陌生的南洋味」的銀合歡、雷公根、過長沙、幹花榕、胡椒、荖葉、木棉花、猴面果、肉豆蔻、丁香、荷蘭薄荷、越南薄荷、蜜蜂花、紫蘇等，徹底展現王老師對各類植物過目不忘的整理與歸納的超人功力，也隱約透露他對各個東南亞香草、香料，一直秉持「一個都不能少」的平等善待。每種東南亞植物，或因為人類的戰爭而遺留台灣，或由於人類的遺忘而重新甦醒，在《舌》中，我看到王老師筆下各個東南亞植物的鮮明生命力，活潑而耀眼。

無論您是東南亞食物的頂級饕客，或是東南亞香草、香料的嚐鮮者，還是具有像本書作者王瑞閔老師那般先天賦予「草木有情」之精神等芸芸眾生，我誠摯、認眞地推薦您立馬閱讀王瑞閔老師的《舌尖上的東協》，我可以大膽地說：「沒有閱讀過王老師的著作，不能說您已認識了東南亞。」

感謝王瑞閔老師，感謝城邦，讓我們有福氣看到如此優秀的作品。

國立暨南國際大學東南亞學系
專案助理教授
葉玉賢

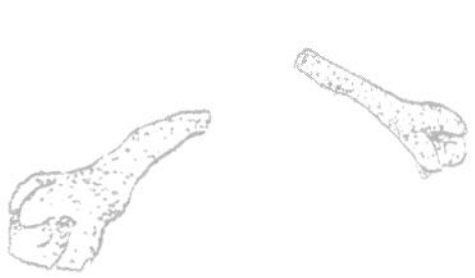

作者序

舌尖上的東協

有臉書後，通訊愈來愈方便，陸陸續續認識了一些花友。記得某一次聚會，有位花友打趣地說：「我覺得我們都被胖胖樹騙了，本來以爲他很喜歡植物，沒想到臉書都沒有植物的照片，反倒放了一堆美食，破壞我們減肥的計畫。」

其實，喜歡熱帶植物的我，除了追求植物學的知識外，對如何吃這些植物也十分感興趣。

猶記得大學時代，在學長姐的推薦下，我迷上了那種酸中帶辣、辣中帶甜，並夾帶著檸檬、咖哩等多層次香氣的泰式料理，三不五時就會到公館的金三角泰緬雲南小吃店、泰國小館，以及政治大學對面的滇味廚房飽餐一頓。工作以後，因爲中華開發大樓後面的河內河粉而迷上越南菜的清爽。但是延吉街上的湄河泰國料理，依舊是我的最愛。

喜歡這些南洋風味，一部分是因爲嚮往東南亞，一部分也是因爲自己非常喜歡熱帶植物。二〇一三年我爲了尋找臭豆，再度踏進台中的第一廣場，並意外發現這裡變成「小東南亞」。

二〇一六年七月，第一廣場改了名字，叫做「東協廣場」。說也奇怪，只是改個名稱，台灣人就開始出現了。台灣人跟新住民之間雞同鴨講的情況愈來愈頻繁。雖然買的人不多，但

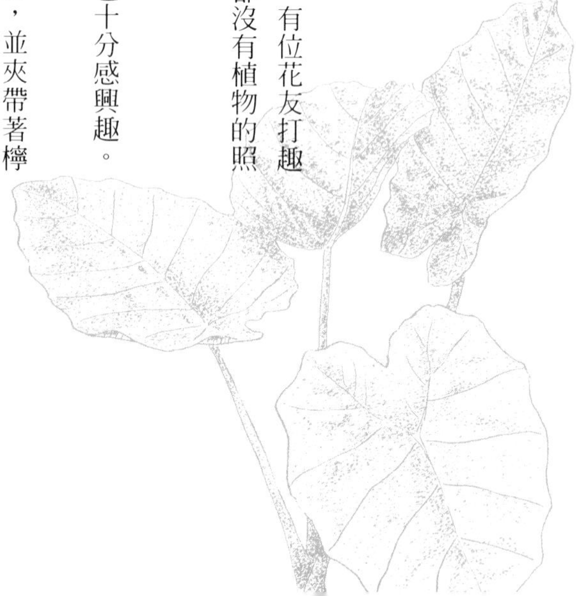

是對於那些台灣傳統市場罕見，而東協廣場常見的蔬菜水果，台灣人總是充滿好奇，我也不例外。

於是我開始四處探尋台灣可以買到、吃到，但是大家較陌生的東南亞蔬果、香草。除了認識植物，也從飲食開始了解這些離我們很近，卻又令人陌生的東協國家。

從最近的第一廣場開始，向南北輻射，不僅走訪台北、桃園的印尼街、小馬尼拉、越南街、緬甸街、泰國街，還到了桃園、高屏等孤軍居住的忠貞、干城、信國社區。每個地區成因不同，所呈現的國家特色與飲食文化也有所差異，市場上販售的熱帶蔬果與香料當然也不一樣。這些地方不但成爲台灣多元文化的一部分，也是我們在台灣認識東南亞的窗口。

在各地市場尋找東南亞蔬菜與香料的過程中，彷彿受到特殊的力量指引，我陸續在桃園龍潭，以及台中大里、太平、霧峰，還有彰化二林等鄉鎮區邂逅了栽種這些特殊蔬菜的田地與農民。在一次又一次到訪與購買的經驗中，我認識了幾位新住民與華僑。他們的口述與照片，讓我又多認識了不少特殊的植物與其用途。

如果說味道是開啓人類記憶的鑰匙，那麼家鄉料理就是減緩思鄉情緒的良方。就如同到了歐美地區念書或工作的朋友，會特別去賣炒飯、湯麵、水餃，或是其他中式料理的店家用餐一樣的道理，在台的東南亞華僑、學生，或是新住民與移工，甚至泰緬孤軍，也會聚集在能夠品嚐到故鄉滋味的店家，或是乾脆買材料自己下廚。

於是台灣各地陸續出現了緬、泰、越、柬、印、菲、星馬等東南亞口味的餐廳、小吃店、雜貨店與超市。除了滿足「吃」與各項在異鄉生活的基本需求外，「開店」儼然成爲一種在台生存的方式與選擇。而餐廳裡一道又一道東南亞風味料理中慣常添加的各種香料，既使這些美食口感層次豐富，也爲香料使用作了最佳詮釋，更成爲東南亞裔移民到台灣後無可取代的鄉愁。

亦近亦遠的東南亞，絕佳的氣候條件與地理位置，自古便擁有並善於利用豐富的自然資源與物產——特別是植物。我藉由對熱帶植物的熱情，還有愛品嚐東南亞料理的興趣，引領著自己逐步深入，認識每一個東南亞國家跟文化。

本書特別將我在台灣各地東南亞市集所記錄到的蔬果、香料，或是添加在生活用品中的植物，以及品嚐美食的經驗集結成冊，跟大家分享。藉由牛肉粉、酸魚湯、冬陰湯、魚湯麵、叻沙、沙嗲、索多湯、娘惹糕、炸香蕉等各國美食，還有白霞、羅望子、打拋葉、咖哩葉、油柑、檸檬葉、石栗、薑黃、胭脂子等東南亞常見的香料與蔬果，誠摯邀請大家從餐桌上，一一認識東協。

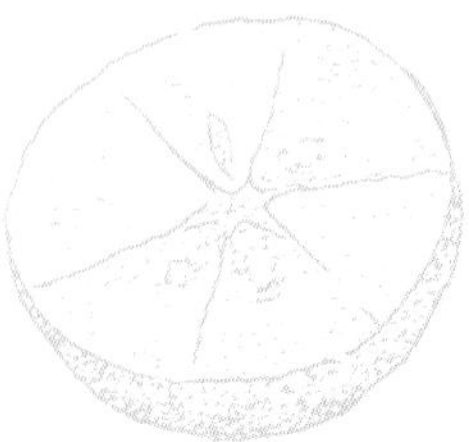

CONTENTS

1

東協各國飲食特色

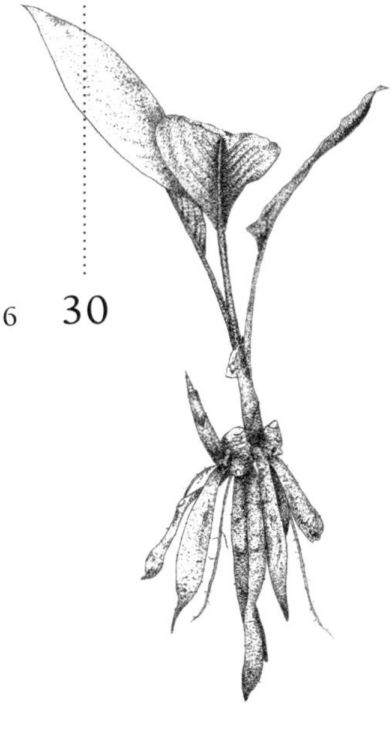

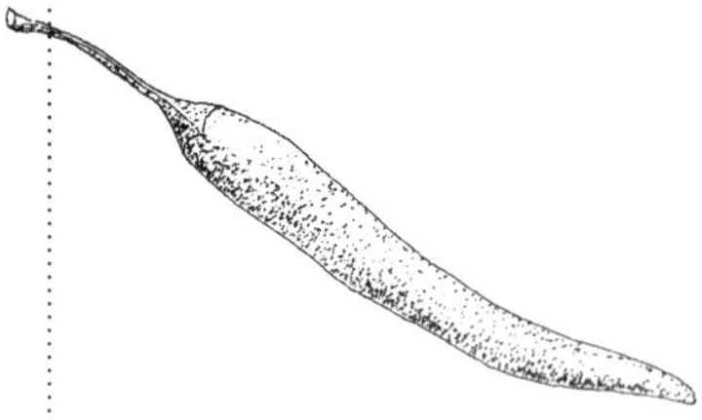

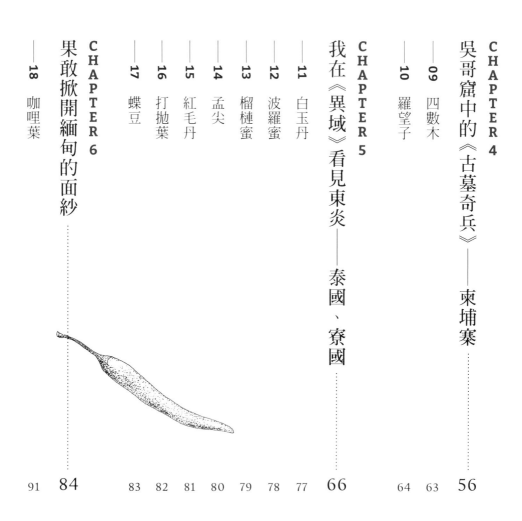

2

在台灣尋找東協的滋味

南向政策2.0

東南亞香料、蔬果及飲食文化來台簡史

緒論

在台北念書及工作的時候，我喜歡不斷嘗試各種美食，也因此發現台北豐富且多元的飲食文化。除了台菜、客家菜、潮州菜，尚有許多北方麵食、港式燒臘、飲茶、江浙料理、上海菜、四川麻辣鍋、東北酸菜白肉鍋與涮羊肉；更不能不提新疆烤肉、雲南米線這類口感與香料皆特殊的邊疆滋味。

除了中國各地菜色外，還有許多異國風味：泰式料理、越南餐廳、緬甸小館、印尼簡餐、印度料理、日式料理、韓式料理……都可以在台北找到十分道地的小店，令人垂涎。更讓我覺得奇妙的是，這些餐廳看來似乎都營業許久，很可能超過十年了，而且老闆往往都是來自該料理的發源地，操著厚重的口音。各式各樣的中國菜我容易理解，但其他國家的菜色究竟是怎麼來到台灣的呢？這個疑問一直在我心裡。

食衣住行是民生四大必需，不管來自哪個國家，服裝或許多半都西化了，衣著差異不明顯，但是飲食習慣這類外顯的文化，仍保留了各地特色。就像我研究熱帶植物一般，好奇植物的原產地與引進年代，也不禁想問，這些不同國家的文化究竟何時、何故來到台灣？我開始不停地蒐集資料，並在探索的過程中發現，我們所生活的這塊土地，原來竟有那麼多不同的族群。

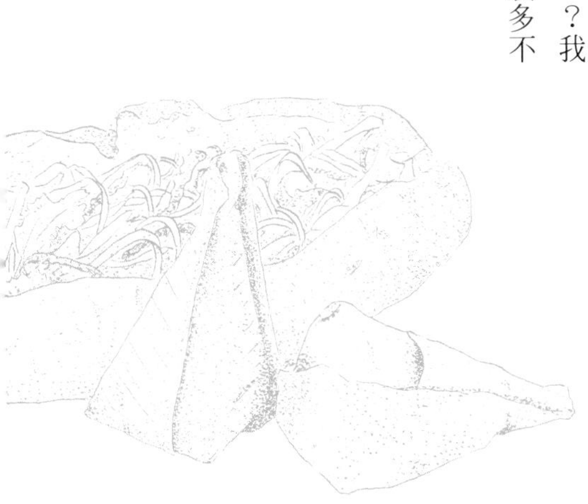

一九八九年首次開放外籍移工來台，一九九〇年政府推動南向政策。這兩個事件讓原本鄰近台灣的東南亞各國居民紛紛來台工作或遠嫁台灣。時至今日，來自越南、印尼、泰國、菲律賓、柬埔寨等東協國家的移工與新住民，分別超過七十萬及十五萬人，共同撐起了台北、桃園、中壢、台中、台南、高雄火車站附近類似東協廣場這樣的商圈。除了帶來人潮外，各國風味小吃店也如雨後春筍般拓展。而那些代表家鄉味的香草、香料甚至蔬果，也隨著飲食文化紛紛引進，爲台灣增添了南洋風味。

不過從一九六〇年代起，在印尼、緬甸、越南諸國排華事件影響下，東南亞裔華人、華僑便陸續移民或以依親方式遷移至台灣，更早一步帶來東南亞料理。其中緬甸華僑人數眾多，大概四萬多名聚居於中和南勢角一帶，形成所謂的「緬甸街」。這是台北異國料理分布密集的地區，其市場販售的蔬菜仍有不少是全台僅有。至於散居在全台各地的印尼華僑、越南華僑，人數雖然較少，但他們所經營的餐廳，也在外籍移工來台初期，填補了部分的鄉愁。

只是，東南亞的飲食習慣與使用的香草香料畢竟與台灣不大相同，取得也不容易。爲了能夠在台灣品嚐到故鄉的味道，東南亞華僑，還有新住民或移工，陸續從南方的家鄉帶一些容易繁殖的香料植物與蔬菜來台栽培，像是種花一般，用花盆栽種在陽台、屋頂或院子裡，自用、招待同鄉，或是跟朋友交換。

漸漸地，當新住民與移工人口愈來愈多，腦筋動得快，做起移工生意的商人便直接從國外大量進口新鮮蔬菜與香草。此外，這十幾年來，桃園、台中、南投、彰化、高雄、屏東等縣市與鄉鎮，也出現不少栽培東南亞蔬菜與香草的小型農場。有的專植需求量最大的幾種植物；有的面積不大但是種類多樣。近幾年來更出現大型的專業農場，品項多元，賣相也好，新鮮供應全台，大大便利了新住民、東協移工、東南亞華僑、南洋風味餐廳，以及東南亞香草與蔬果愛好者。

除了東南亞華僑、新住民與移工外，台灣還有另外一小群人在更早之前就曾帶來許多我們不熟悉的南洋味。他們是在一九五三與一九六一年兩度從泰緬金三角撤退來台的異域孤軍，其眷屬包含了傣族[1]、苗族、瑤族等十多個原本居住在中國西南方的少數民族。他們主要居住在桃園中壢龍岡、龍潭、清境農場，以及高雄美濃與屏東里港交界的信國社區。米線、米干成爲到這些地方旅遊必點、必吃的擺夷味兒。而那些栽種在院子或田邊的「逃難菜」，更不乏台灣罕見的熱帶植物，不少種類讓植物學家花了無數時間研究。

除了這幾十年來自東南亞各國的華人、新住民外，台灣的歷史發展跟東南亞一直有密切的關係。

1 又稱「擺夷族」

最早居住在台灣的原住民，與菲律賓、馬來西亞、印尼等地區同屬南島語族，自史前時期便陸續自南洋引進芋頭、薑、椰子、香蕉、檳榔等可食用的植物。荷蘭來台以後，也從印尼爪哇及菲律賓等地引進了許多當時東南亞常見的蔬果或香料進行栽培，如蓮霧、芒果、釋迦、芭樂、小番茄、胡椒、辣椒。有趣的是，台灣較少人學習東南亞的語言，所以許多人都不曉得蓮霧的名稱其實是音譯自馬來文中的jambu，檳榔也是音譯自馬來文Pinang；而小番茄的台語柑仔蜜（kam-á-bit）或柑仔得（kam-á-tit），是音譯自菲律賓他加祿語kamatis。

明鄭、清領時期，台灣也開始栽種楊桃、番木瓜、鳳梨、薑黃等華南地區已普遍栽植的熱帶水果與香料。而中式料理常使用的五香與十三香之中，也有許多原產於東南亞的香料植物，如肉豆蔻、丁香、山奈、高良薑，有些至今仍須仰賴進口。

日治時期更大量自南洋地區引進水果、香料等各式各樣豐富的熱帶植物。東南亞地區常食用的羅望子、沙梨橄欖、紅毛丹、牛奶果、人心果、石栗、西印度醋栗、大花田菁、蝶豆花等植物，其實早在日治時期便引進栽培，只是因爲飲食習慣的差異，台灣鮮少人食用。直到二〇〇〇年後，這些原本在中南部當作趣味栽培的果樹，或是當作觀賞植物栽培的蔬菜，才在台灣各地的東南亞文化圈發光發熱——如東協廣場一樣。

在植物地理學上，台灣跟中南半島常被劃在相同的植物區系。許多廣泛分布在熱帶亞洲的植物，台灣野外也有生長。像這幾年很流行的木鱉子，還有雷公根、魚腥草、長花九頭獅子草等，在台灣是中草藥，在中南半島則是經常食用的蔬菜。新住民與移工來台後，這些植物從原野被帶到了市場上販售。

那些擺在東協廣場、華新街市場、忠貞市場等地的菜攤上，所謂的新興東南亞香草或蔬果，也許是在各個時期，陸續經由原住民、荷蘭人、華南移民、日本人、泰緬孤軍、東南亞華僑、新住民帶來台灣，也可能是台灣本來就有的原生植物，數十、數百年來，早已透過飲食，從泰式、越式、緬式料理中，悄悄地融入了你我的生活，成爲台灣文化拼圖中不可或缺的一塊。

二〇一六年政府推行新南向政策，坊間因此出版了許多關於東南亞各國歷史、產業、民情的書籍，而我熟悉的台中第一廣場也更名爲「東協廣場」。對於不曾離開台灣，暫時也不會到東南亞工作的我們，了解那些來自東南亞的香料、蔬果及飲食文化，或許是對南向政策另類的支持。

1

東協各國飲食特色

Laos
寮國
Vietnam
越南
Philippines
菲律賓
Brunei
汶萊
Indonesia
印尼
Papua New Guinea
巴布亞紐幾內亞
East Timor
東帝汶

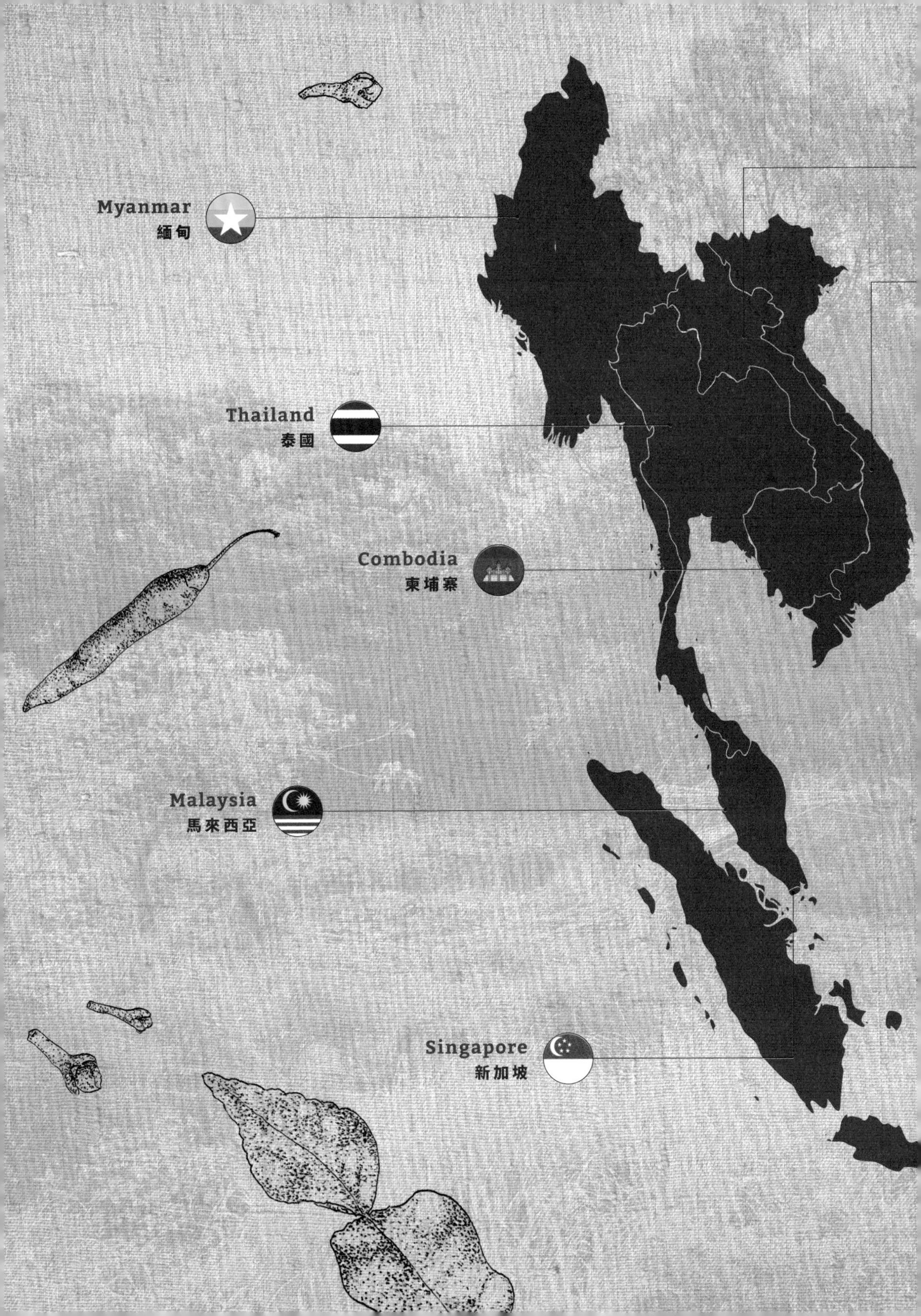
Myanmar
緬甸
Thailand
泰國
Combodia
柬埔寨
Malaysia
馬來西亞
Singapore
新加坡

CHAPTER 1

從鄭和下西洋到地理大發現

大航海時代，葡萄牙、西班牙、

荷蘭、法國、英國以及美國，

陸續殖民東南亞，

歐陸的飲食文化深深影響了

現代東南亞各國的美食。

鄭和下西洋後所留下的資料，是研究當時海上絲路的重要參考文獻，也是了解東南亞至西亞各地民俗與文化的重要典籍。除此之外，那些書也是熱帶植物的有趣紀錄。

當時隨行的翻譯官馬歡著作《瀛涯勝覽》，書中記錄了幾種有趣的植物，如滿剌加國[1]的沙孤：「澄濾其粉作丸，如綠豆大，曬乾而賣，名沙孤米，可做飯喫。」就是指今日我們熟悉的西米露原料——西谷椰子。沙孤是馬歡音譯自馬來文sagu，近代則翻譯做西谷。他記錄下的製作方式與其模樣，與現在並無二致。而占城國、暹羅國、滿剌加國、榜葛剌國[2]皆有提到的茭葦，馬歡描述：「海之洲渚岸邊生一等草名茭葦，葉長如刀茅樣，似苦筍。殼厚，性軟柔，結子如荔枝樣，雞子大。」就生長習性與果實形態來判斷，應該就是俗稱亞答子的水椰子。此外，水椰子的葉子編織成的屋頂，馬來語稱kajang，與茭葦的台語讀音十分近似，也可以做爲佐證。

《瀛涯勝覽》還記載爪哇國[3]所產「莽吉柿如石榴樣，皮厚，內有橘囊樣白肉四塊，味甜酸，甚可吃。」指的正是果后山竹，其馬來文manggis諧音就是莽吉柿。而果王榴槤則被記錄在蘇門答剌國[4]：「有一等臭果，番名賭爾焉，如中國水雞頭樣，長八九寸，皮生尖刺，熟則五六瓣裂開，若爛牛肉之臭。內有栗子大酥白肉十四五塊，甚甜美可食……」馬來文中的榴槤爲Durian，馬歡直接音譯成賭爾焉[5]。

馬歡對於這些物產的介紹詳細，有助於當時東亞華文圈[6]了解南洋文化。而鄭和下西洋後，大批華人移居東南亞，是不是可以算海上絲路發達年代的「南向」？

可惜受到西方教育的影響，我們這一代對歐美歷史的了解程度，甚至大於對鄰近的亞洲及台灣本身。

1 即今日馬來半島的麻六甲州一帶
2 即今日之孟加拉
3 印尼爪哇島上的古國名
4 蘇門答剌國是古代蘇門答臘島上眾多古國之一。元朝稱「須文達那國」，明朝才改稱「蘇門答剌」蘇門答臘島上的古國還有室利佛逝、八昔、亞齊、那孤兒和黎代等
5 山竹與榴槤的介紹可參考《看不見的雨林——福爾摩沙雨林植物誌》，書中第九章〈媽媽的鄉愁——熱帶蔬果〉有詳細介紹
6 中國、韓國、日本、越南等受中國文化影響較深的國家，書寫漢字，實行科舉制度等

雖然中國古代自詡爲天朝，總是稱周邊國家爲蠻夷之邦。不過，或許是地理位置相近，或許是爲了方便君王了解領土及來朝貢的國家，中國歷代的史書，如《漢書》、《南史》、《梁書》、《隋書》都有記錄東南亞地區的風土民情。

如先秦時期所稱的「百越」，非常有可能包含了現在華南與中南半島地區。《史記》南越列傳記載，大約西元前二〇四年，趙佗於今日越南北部地區建立南越國，並於漢朝時成爲中國藩屬。這些都是跟中南半島有關的歷史。

三國時期，吳國曾於二四三年派康泰出使南海。康泰回國後完成了《吳時外國傳》，記載了扶南[7]等東南亞、南亞、西亞一百多個國家或地方，是古代第一本關於南海的地理專書。可惜後代遺失，僅能從《水經注》、《通典》、《太平御覽》等書中找到部分引用的文句。

到了唐朝，紀錄更多了。八〇一年，杜佑歷時三十多年，編纂出中國第一本體例完整、記錄典章制度的書籍《通典》。書中關於邊防的記載，將東南亞諸國歸在南蠻[8]篇章中，記錄了位在中南半島的林邑[9]、眞臘[10]、扶南等較大的國家，還有二十多個位在馬來半島、蘇門答臘、婆羅洲的小國，當時這些國家跟中國都有密切往來。

北宋時期，宋太宗趙光義命李昉等人花了六年時間，於九八四年編撰完成《太平御覽》。全書總共有一千卷，分五十五個類別，可以說是當時的百科全書。書中四夷部所記載的南蠻約有一百九十個國家或地區。從國名來判斷，包含了今日中國西南各省、南亞，以及亦近亦遠的東南亞。

7 扶南國位於今日中南半島南方，疆界橫跨今日緬甸、泰國、柬埔寨、越南南方
8 《通典》卷第一百八十八・邊防四・南蠻下篇
9 林邑是今越南中部古國
10 眞臘位於今日柬埔寨

南宋時期，曾任桂林地方官的周去非所著《嶺外代答》一書，對於宋朝時廣西的地理、人文、風土、物產、邊防等方面有詳細的記載，甚至還提到安南[11]、占城[12]、眞臘、蒲甘[13]、三佛齊[14]等東南亞大國，還有南海諸島的地理。後來泉州海關的管理人[15]趙汝適在訪問了當時到中國貿易的國際商人後，整理了大家的所見所聞，於一二二五年完成了《諸蕃志》。除了記載了東南亞各國外，還記錄了丁香、肉豆蔻、胡椒、華澄茄、白豆蔻等東南亞或南亞的香料植物，還有波羅蜜、檳榔、椰子、木棉花、檀香、沉香等熱帶水果與物產。

到了元朝，周達觀於一二九五年奉命隨使團前往眞臘。他在當地居住約一年後回到中國，並以遊記形式創作了《眞臘風土記》。書中詳細描繪眞臘國首都吳哥城的建築和雕刻藝術、當地人民的生活、文化、習俗、語言、經濟、山川、物產等，甚至還記載了當時居住在眞臘的華人狀況，是當代研究吳哥窟極爲重要的歷史文獻。

除此之外，元朝航海家汪大淵於一三三〇與一三三七年間兩次遠渡重洋至南洋與西洋，並於一三四九年完成《島夷志略》[16]一書，記載了兩百多個地方的地理、風土、物產，是重要的交通史文獻。有趣的是，《島夷志略》中所描述的「琉球」[17]，「地勢盤穹，林木合抱。……其峙山極高峻，自彭湖望之甚近。……知番主酋長之尊，有父子骨肉之義。他國之人倘有所犯，則生割其肉以啖之，取其頭懸木竿。……地產沙金、黃荳、黍子、硫黃、黃蠟、鹿、豹、麂皮。」這段描述，不管是山勢、離彭湖的距離、原住民出草的傳統，以及沙金、硫磺、鹿、豹等物產與動物，怎麼看都是在描寫台灣島。再看全書的安排，第一處寫隸屬於泉州的彭湖[18]，第二處便是寫琉球，並在結尾提到「海外諸國蓋由此始」，可見當時的中國認爲，台灣是南洋的起點。

11 安南國爲今日越南北部古國　12 占城國即唐代的林邑國　13 蒲甘國是九至十三世紀緬甸的古國

14 三佛齊國在中國古書中又稱「室利佛逝」，音譯自梵文：संस्कृता वाक्，轉寫成Sri Vijaya。鼎盛時期勢力範圍包括了今日馬來半島和印尼大部分島嶼

15 正式官名爲泉州市舶司提舉

16《島夷志略》原稱《島夷志》，一開始是清源縣（今泉州）縣誌《清源續志》的附錄。後來汪大淵將之獨立出來，於故鄉江西南昌刻印單行本

17《諸蕃志》書中所記錄的流求國與毗舍耶，可能也是指台灣，但是較不明確

18 原文「地隸泉州晉江縣。至元間立巡檢司……」

西方稱汪大淵是「東方的馬可波羅」，第一次出航時才十九歲，比鄭和出航時小了十五歲。而且汪大淵第一次出航時間比鄭和早了七十五年，兩次出航所到之處更多，航行更遠，是非常了不起的成就。

一四〇五年（明永樂三年）爲了宣揚國威等諸多目的，明成祖命鄭和率領艦隊遠航。至一四三三年（明宣德八年），鄭和艦隊共遠航七次。艦隊規模龐大，多達二百四十多艘船艦，二萬七千多位船員。拜訪了西太平洋、印度洋數十個國家，最遠抵達非洲東岸。

可惜鄭和下西洋的檔案《鄭和出使水程》遺失，後世只能從翻譯官馬歡的著作《瀛涯勝覽》[19]、鞏珍著作《西洋番國志》[20]，以及費信著《星槎勝覽》[21]等書，還有明朝末年茅元儀編輯的《鄭和航海圖》[22]中了解當時的情況。其中，《瀛涯勝覽》紀錄非常詳細，是後世研究東南亞、印度、阿拉伯地區歷史的重要參考文獻。而元代汪大淵的《島夷志略》，也成爲馬歡與費信的重要參考資料。

《瀛涯勝覽》的紀錄中，占城國、爪哇國、舊港國、暹羅國、滿剌加國、啞魯國、蘇門答剌國、那孤兒國、黎代國、南浡里國皆是位於今日東南亞的古國。書中除了記載各國的地理位置、氣候、宗教、服飾、婚禮、法律等，也記錄了各國的物產、農作物、蔬果，甚至野生動植物。

不過很可惜，馬歡只記錄蔬果、家禽和家畜，香料也僅提到白豆蔻、肉豆蔻、蓽撥，未提到東南亞地區使用香料的情況，或東南亞菜的口感。而且當時歐洲的哥倫布尙未抵達美洲，辣椒也未傳到亞洲地區，與我們今日對東南亞料理的印象——酸酸辣辣的口感，尙缺一味。

19 馬歡精通阿拉伯語及波斯語，隨鄭和三次下西洋，1451年完成《瀛涯勝覽》
20 明朝鞏珍於1434年完成，記錄鄭和下西洋時20國風土
21 明朝費信四次隨鄭和下西洋，於1436年完成《星槎勝覽》，又名《大西洋記》，共兩卷，記錄鄭和下西洋時44國風土
22《鄭和航海圖》又稱《茅坤圖》，全名《自寶船廠開船從龍江關出水直抵外國諸番圖》，應該是鄭和下西洋時所繪製，發給鄭和船隊上的舟師的航海圖，繪製時間可能是1425至1430年之間。記載於明崇禎元年（1628年）成書，茅元儀所編輯的《武備志》卷二百四十

一四二一年，是中國與東南亞諸國頻繁接觸的時代，也是鄭和第六次下西洋。那年，繼馬可波羅之後，另一位從西方世界到遠東旅遊的重要探險家——義大利威尼斯的商人尼科洛．達．康提[23]，終於抵達蘇門答臘。他將鄭和下西洋的相關訊息帶回歐陸，刺激了葡萄牙人不斷地探索新世界，終於在一四九八年，葡萄牙探險家達伽馬[24]繞過非洲好望角，抵達印度，發現了一條從海上到遠東的新航線。而激發歐洲人前仆後繼前往亞洲的原因，竟是爲了南亞與東南亞的香料：黑胡椒、肉桂、肉豆蔻與丁香。

達伽馬的發現，讓陸路上的絲路，以及經由紅海到達波斯灣的航線，不再是連結東西方貿易的絕對途徑，結束了這條路上如義大利、阿拉伯、土耳其等國家的阻擋與市場壟斷，更爲葡萄牙及其他西歐國家往後的殖民揭開序幕。

與此同時，西班牙也企圖從大西洋的彼端尋找另一條到印度的新航線。雖然起初失敗了，卻意外讓哥倫布[25]於一四九二年發現了新大陸——美洲。這項發現，還有葡萄牙對非洲航線的限制，刺激了西班牙帝國進一步資助失意的葡萄牙探險家麥哲倫[26]。終於，在一五一九年至一五二一年，麥哲倫艦隊從美洲橫跨太平洋到達亞洲，成功繞行地球一圈回到歐洲。此舉不僅證明地球是圓的，也替西班牙帝國發現了一條到達香料群島[27]的新航線。

這段爲了與遠東從事香料貿易，探索新航線的歷史，歐洲史上稱爲「地理大發現」，又稱「大航海時代」。往後數百年，葡萄牙、西班牙、荷蘭、法國、英國以及美國，陸續殖民東南亞。除了將亞洲的資源帶回歐陸，歐陸的飲食文化，甚至美洲大陸的香料與蔬果，也深深影響了現代東南亞各國的美食。特別是美洲原產的辣椒，在十六及十七世紀從歐洲經由南亞傳到東南亞後，逐漸取代了原本胡椒、蔥、薑提供辣味的角色，成爲料理中辣味的主要來源。

23 義大利文：Niccolò de' Conti
24 葡萄牙文：Vasco da Gama
25 西班牙文：Cristóbal Colón、英文：Christopher Columbus
26 葡萄牙文：Fernão de Magalhães；西班牙文：Fernando de Magallanes
27 通常是指印尼的摩鹿加群島，印尼文：Kepulauan Maluku，英文：Maluku Islands，或翻譯爲馬魯古群島，有時也稱爲東印度群島

no.01

西米

名稱　西谷椰子、西谷米、西米、sagu（馬來文）

學名　*Metroxylon sagu* Rottb.

科名　棕櫚科（Palmae）

原產地　馬來半島、蘇門答臘、爪哇、婆羅洲、摩鹿加、新幾內亞

生育地　低地雨林或河岸沼澤

海拔高　0～700m

●植物形態與生態

喬木，高可達25公尺。一回羽狀複葉，叢生於莖頂。雜性花，花序上有雄花與兩性花，頂生。核果扁球狀，鱗片狀外皮。開花後即死亡。

西米椰子的葉柄有橫紋，橫紋上有刺，照片為所羅門西米椰子，學名*Metroxylon salomonense*
（攝影／潘慧蘭）

某種西米椰子的果實
（攝影／潘慧蘭）

●食用方式

西谷椰子樹幹內富含澱粉，是製作西米的原料。台灣應未曾引進這種植物。由於西米需求量大，現代幾乎都用樹薯澱粉來製作。

西米原料本來是西谷椰子，現在幾乎都用樹薯澱粉來製作

西米煮熟後通常稱為西米露，摩摩喳喳中常用到

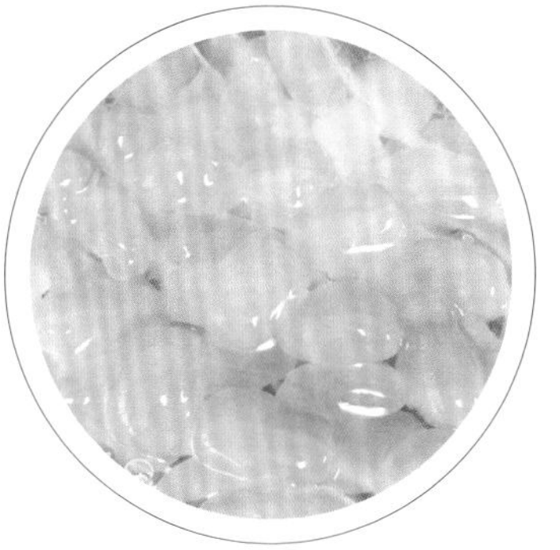

no.02

亞答子

名稱 水椰子、亞答子、亞達子、亞答只、Pokok Nipah（馬來文）、Nipah（印尼文）

學名 *Nypa fruticans* Wurmb

科名 棕櫚科（Palmae）

原產地 廣泛分布南亞、東南亞沿海，至澳洲北部、索羅門、中國海南島、日本西表島、內離島

生育地 紅樹林

海拔高 海岸

●植物形態與生態

棕櫚科唯一水生植物。灌木，莖極短。一回羽狀複葉，叢生於莖頂，高可達6公尺。單性花，雌雄同株，花序腋生。果實為聚合果，由許多小果緊密排列成一個大球狀，成熟後會自動裂開，果實具海漂特性。台灣海邊可以撿到水椰子種子，會發芽，但是冬天就凍死，所以台灣野外沒有水椰子。

左：野外的水椰子（攝影／董景生博士）
右：水椰子的果實可以海漂到台灣的海邊

●食用方式

水椰子果肉即亞答子，台灣北中南各地東南亞雜貨店皆可購買到進口罐頭。白色半透明，口感Q彈，是摩摩喳喳中常會加入的果實。

左：水椰子剛發芽的小苗，據說也可以食用
右：白色半透明的亞答子即是水椰子的果仁

CHAPTER 2

東南亞與香料植物

亞細安不安

東南亞料理中香料種類豐富，

口感層次多樣，爲香料使用做了最佳詮釋，

然而，香料登峰造極的使用，

背後所代表的是多元文化的

衝突、融合與再造。

二〇一六年蔡英文總統上任後推行新南向政策，一時間「東協」成爲炙手可熱的名詞，「東南亞學」儼然成爲一門顯學。然而，東協究竟是什麼？與東南亞又有什麼關聯？東協加一、東協加三又是指什麼？東協與東盟有什麼不同？新加坡所謂的亞細安跟東協又是什麼關係？

很多人一時間或許說不清楚，但是隨便google一下就會跑出很多資料。坊間也出版了不少介紹東南亞歷史、文化、經濟、政治的書籍，鼓勵大家到東協發展。然而，對於生活在台灣的多數人，除了旅遊外，最能夠接觸到東南亞文化的機會，是總人數已逾八十萬的移工與新住民，還有他們填補鄉愁的飲食，以及伴隨著飲食所帶來的特殊香草、香料與水果。

或許，了解一個地區或國家的文化，飲食是最簡單的切入點。但是飲食往往受地理環境與氣候影響。

東南亞大部分地區都位於熱帶，屬於熱帶季風氣候及熱帶雨林氣候，溫暖多雨，自然資源豐富。半島區的紅河、湄公河、昭披耶河[1]、薩爾溫江、伊洛瓦底江五大三角洲，是魚米之鄉，也是文明的發源地。半島北部山巒疊翠，與中國的滇西縱谷及雲貴高原相連，讓人不禁聯想到居住在邊界的少數民族。

西南太平洋與印度洋之間，數以萬計大大小小的島嶼，星羅棋布，是海洋東南亞的範疇。有雨林、紅樹林、沼澤、火山、東南亞第一高峰京那巴魯山，婆娑椰影伴梯田。這樣的地理環境與氣候條件下，產生豐富的自然生態，植物多樣性極高，香料與蔬果種類繁多，是構築東南亞地區飲食文化的底蘊。

1 泰語：**แม่น้ำเจ้าพระยา**，轉寫Maenam Chao Phraya，即中文過去所稱的「湄南河」。將昭披耶河的泰語**แม่น้ำเจ้าพระยา**拆開成**แม่น้ำ**與**เจ้าพระยา**二字，**แม่น้ำ**就是河流，本意是水之母，音譯爲湄南；**เจ้าพระยา**音譯爲昭披耶，泰語的意思是「大王」。可見，昭披耶河是泰國人心中的大王河

在飲食中添加各種香料，除了刺激食慾之外，也是保存食物的良方。而蚊蟲與疾病在濕熱的環境格外橫行，許多香料不但有提味的功能，往往還兼具藥用特性。

此外，東南亞大量仰賴河運，越南、泰國、柬埔寨、印尼等國家都有水上市場或水上人家。廣泛使用的香料除了曬乾磨成粉或切丁外，常常都是新鮮使用。而其他增味香草或蔬菜大部分生長於森林內、森林邊緣，以及水田、沼澤、溪流兩岸，這些植物不只是耐潮濕與半遮蔭而已，它們多半有耐淹水的特質，如假蒟、大野芋、刺芫荽、南薑、甲猜、檸檬葉；甚至可直接水耕，如叻沙葉、越南毛翁、過長沙。

做爲族繁不及備載的香料植物原產地——東南亞，料理中香料種類豐富且口感層次多樣，爲香料使用做了最佳詮釋。然而，口感與製作方式繽紛多元的東南亞料理，香料登峰造極的使用，背後所代表的是多元文化的衝突、融合與再造。

自古，東南亞便是海上交通樞紐。連結西亞阿拉伯、波斯、南亞印度與東亞中、日、韓。印度教早期從陸路或海路而來，十一世紀左右，佛教文化經由斯里蘭卡傳入緬甸，逐漸被中南半島各國接受，取代了印度教。隨著海上貿易，伊斯蘭文化在七世紀傳入東南亞，大約十三世紀於島嶼地區興起；中國儒家文化除了經由越南南傳，也在鄭和下西洋後，透過遷徙到各地的華人，普遍影響整個東南亞。大航海時代開始後，歐洲文化也隨著一艘又一艘的船艦，深深衝擊著這片土地。東南亞，就像海綿一樣，吸納了這些外來文化，卻又各自發展出屬於自己的獨特樣貌。

回到最初的命題，東協究竟是什麼？與東南亞又有什麼關聯？東協是「東南亞國家協會」的簡稱，英文Association of Southeast Asian Nations，縮寫成ASEAN。前身是一九六一年印、馬、泰、菲於曼谷成立的東南亞聯盟[2]，一九六七年正式更名為「東南亞國家協會」，是東南亞區域內，由國家政府組成的國際組織。中國翻譯成「東南亞國家聯盟」，簡稱「東盟」；新加坡則直接音譯英文縮寫ASEAN為「亞細安」。

「東南亞」這一名詞，首次出現於一八三九年美國牧師霍華德・馬爾科姆[3]撰寫的《東南亞旅行》一書中[4]，是一處跨南北半球，位在中國以南、印度次大陸東方、大洋洲西北方的地理區。一九四三年，二次世界大戰末期，為了劃分戰場，盟軍設立東南亞戰區司令部[5]。之後，東南亞一詞才逐漸廣泛使用，並在一九七〇年代後期確定它的範圍。

東南亞是中、日舊時所稱的南洋，大航海時代歐洲人口中的印度支那[6]與東印度[7]。一處歷史上與台灣有緊密關聯，甚至在七十多年前曾飄揚相同旗幟的所在。

二〇一三年，兩次南向政策的時間點中，一位從台南到台北的檢察官脫口而出的話：「台北車站已經被外勞攻陷。」背後代表的，究竟是一般民眾的情緒？雙方的不了解？還是大家尋求新市場、新機會的時空背景下，對亞細安的期待與不安？

2 英文：Association of Southeast Asia，縮寫ASA　3 英文：Howard Malcolm

4 最初馬爾科姆的定義只包含中南半島，排除馬來群島　5 英文：South East Asia Command，縮寫SEAC

6 法文：L'indochine; 英文：Indochina。夾在中國與印度之間而得名，狹義是指中南半島，廣義可指整個東南亞。中日戰爭爆發後，于右任提議改稱「中南半島」

7 是一個模糊的地域概念，狹義可以指現在的印尼（前荷屬東印度），也可以指整個馬來群島。廣義還包含中南半島與印度次大陸。馬來群島是世界上面積最大的群島，包含兩萬多個大小島嶼。主要有蘇門答臘、爪哇、婆羅洲、西里伯斯、摩鹿加、小巽他群島，以及菲律賓群島，但是不包括新幾內亞島。群島上的國家有印尼、菲律賓、馬來西亞（東馬）、汶萊、新加坡、東帝汶

no.03

假蒟

名稱 假蒟、越南洛葉、羅洛胡椒、一勒葉、lá lốt（越南文）、ชะพลู（泰文）

學名 *Piper sarmentosum* Roxb.

科名 胡椒科（Piperaceae）

原產地 印度東北、中國南部、寮國、柬埔寨、越南、安達曼、馬來西亞、印尼、菲律賓

生育地 森林內、溪谷、灌叢等潮濕處

海拔高 0 ～ 1000m

●植物形態與生態

風藤屬草本，高可達1公尺。多半呈倒伏狀，僅末梢直立生長，莖每節都容易發根。單葉，互生，全緣。肉穗狀花序與葉對生。漿果。

假蒟的植株

●食用方式

假蒟包肉去炸是普遍的食用方式（攝影／王秋美博士）

越南稱假蒟為lá lốt，泰國為ชะพลู。越南文lá是葉子的意思，lốt音譯為洛，所以有不少人稱之為「越南洛葉」。可以包肉生吃，包肉烤食，或包肉下去煎或炸，沾魚露來吃。有一種淡淡的香氣，些許類似九層塔。個人認為應該是東協廣場販售的香草中，味道比較多台灣人可以接受的植物。除了食用外，亦可藥用。推測是1990年以後新住民及草藥商人同時期引進的植物，在中南部有不少人栽種。栽培容易，扦插易成活。全省各地東南亞市集的菜攤上都有，幾乎四季可見到。

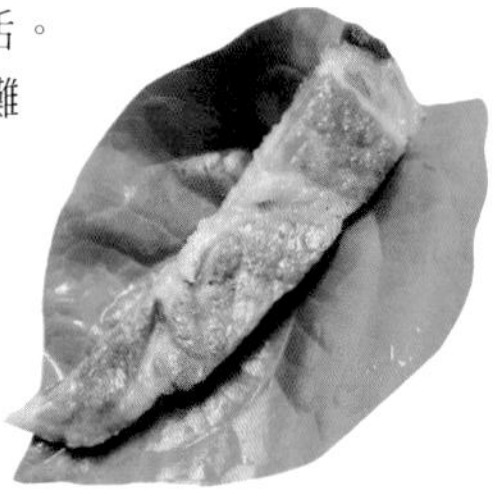

假蒟又稱「越南洛葉」。可以包肉生吃，包肉烤食

no.04

刺芫荽

名稱 刺芫荽、刺芹、越南香菜、泰國香菜、美國香菜、mùi tàu（越南文）、**ผักชีฝรั่ง**（泰文）、culantro、Mexican coriander、long coriander（英文）

學名 *Eryngium foetidum* L.

科名 繖形科（Apiaceae）

原產地 墨西哥、尼加拉瓜、巴拿馬、哥倫比亞、厄瓜多、祕魯、玻利維亞

生育地 路旁，丘陵，山地林下以及溝邊等濕潤處

海拔高 100 ～ 1700m

●植物形態與生態

多年生草本植物，莖極短。葉叢生於基部，邊緣有刺。花細小，花梗自植株基部伸出，聚繖狀排列的頭狀花序，每個頭狀花序下方會有一圈葉狀的苞片。離果。

●食用方式

味道與常見的香菜十分類似，但是耐熱耐潮濕，是高溫多雨的熱帶地區喜歡栽培的香料植物。泰式料理中有名的東炎湯常用香料。東協廣場四季可見到販售。

葉跟花序旁的苞片
滿滿都是刺的刺芫荽

CHAPTER 3

越南

《西貢小姐》與白霞

早在一八五八年，

法國就占領了西貢，

埋下了日後我們在越南料理中

可以吃到法國麵包配越式咖啡的種子。

Vietnam

《西貢小姐》[1]是一九九〇年代美國百老匯著名的音樂劇，講述一九七〇年代越戰結束前，一位在西貢酒吧上班的越南女子愛上美國大兵的愛情悲劇。儘管這只是虛擬的故事，而且牽涉到種族議題，在亞洲社會受到不少批評。然而不可否認，《西貢小姐》在某種程度上記錄且諷刺了當時的大時代悲劇——越戰。

身在台灣的我們，不能只是像賞析音樂劇般那麼輕易地看待這場戰爭。越戰不只是他國內戰史，也跟台灣有密切關係。

熟悉西方歷史的我們，大概都知道二次世界大戰結束後，爲了圍堵共產主義，美國先後打了韓戰、越戰。持續二十年的越戰，不僅造成美國和越南嚴重傷亡與經濟損失，其他直接或間接參戰的俄國、中國、韓國及台灣也蒙受其害。對周邊的寮國、柬埔寨、泰國、香港，也造成了大大小小的影響。

除了越戰期間台灣被拖下水，祕密支援美國與南越，還有越戰的遠因也跟台灣扯上關係。這場戰爭的遠因是一八八三至一八八五年間的中法戰爭，戰火一度延燒到台灣及澎湖。中法戰爭結束後，清廷不僅承認法國爲越南的宗主國，也積極推動台灣建省。

不過，法國覬覦越南也不是一兩天的事，十九世紀後半葉，法國就不斷騷擾越南。早在一八五八年，法國就占領了西貢，埋下了日後我們在越南料理中可以吃到法國麵包配越式咖啡的種子。

1 英文：Miss Saigon

二次大戰期間，日本幾乎占領了整個東南亞地區。一九四五年，二次世界大戰結束，日本戰敗。同爲日本殖民地的台灣與越南，有了類似卻又極不同的結局。台灣從此被劃入中華民國的版圖，而越南卻走上了繼續被歐美列強干預，烽火不斷的內戰。

日本戰敗，越南革命家胡志明領導的越南獨立同盟會，順勢在越南河內建立「越南民主共和國」——即北越。而不願意放棄越南這塊殖民地的法國導演了一齣類似滿洲國的戲碼，挾持越南阮朝最後一任皇帝保大帝於西貢立國，與北越爭奪越南全境的控制權。南北越第一次打仗就打了九年。戰爭結束後，一九五四年，美、俄、法、英、中、柬、寮，與南北越在瑞士日內瓦召開談判會議，達成《日內瓦協定》。協定重點爲：法國從此放棄中南半島的殖民地，承認越南、柬埔寨、寮國爲獨立國家；以北緯十七度爲界，南北越一刀兩斷；南北越皆必須成爲中立國家，不得向外購買武器，或與其他任何國家締結軍事同盟。

只許州官放火，不許百姓點燈的美國率先壞了協定，一九五五年起便以軍事顧問團名義開始派兵南越，而且每年越派越多。而北越也在一九五九年決定非武裝統一不可。南北越雙方各有人撐腰，裝備不斷增加，戰爭也逐步升級。二十年的越戰，導致越南百萬人死亡。

後來的結局如同《西貢小姐》上演的劇情，一九七三年，美軍受不了國內反戰聲浪開始撤退，情勢終於抵定。一九七五年北越攻進南越首都西貢，戰爭結束。一九七六年南北越正式統一，組成越南社會主義共和國，河內依舊爲首都，西貢改名爲胡志明市。

這是近代越南獨立的一頁歷史，不是音樂劇《西貢小姐》幾個小時就能夠交代得完。而南越和北越之間的愛恨情仇，也不是我們這些外國人可以體會。

但是引發我對越戰及南北越差異的好奇心，是一根芋梗——越南白霞！

開始研究東協廣場菜攤上販售的蔬菜後，我就發現菜攤上常見的芋梗與台灣一般食用的檳榔心芋的芋梗有所不同：比較翠綠，而且特別長。查了資料後才知道，這種來自東南亞的新興蔬菜叫做「大野芋」，台灣通常稱爲「越南白霞」，是做越南酸魚湯一定要放的蔬菜與香料。

進一步研究發現，在越南，大野芋有兩種名稱。北越稱之爲dọc mùng或rọc mùng，南越則稱爲bạc hà。但是，bạc hà除了是南越對大野芋的稱呼外，越南也稱薄荷爲bạc hà。我相信這是因爲大野芋梗有淡淡的薄荷香氣所致。而白霞這個中文俗名，想當然耳是bạc hà直接音譯而來。只是好奇如我，不禁想問：「爲什麼台灣要以南越的名稱做爲翻譯的依據呢？」

箇中道理，台灣的越南新住民主要都是來自南越，而他們在台灣經營越南餐廳所做的料理，主要也是受法國與柬埔寨影響較多的南越菜。但是既然如此，爲什麼台灣的越南餐廳又常以河內、海陽這類北越的地名爲店名呢？

原來，台灣有個很特殊的現象。在台灣的越

讓我開始想認識越南的原因，就是這一根根的越南白霞

南僑民，嫁來台灣的華裔女性絕大多數都來自南越，而男性移工老家則幾乎都在北越。爲了塡補這些移工思鄉的情緒，所以特別用北越的地名爲店名。

這個現象十分特別，讓我又進一步去追究，那麼北越菜跟南越菜有什麼不同？

越南是個狹長的國家，國土略呈S形。也有人說，像是戴著斗笠，穿著越南國服奧黛[2]的女性側影。南北距離一千六百五十公里。北、中、南的發展歷史不同，風土民情與飲食文化也有所不同。

大約在西元前二〇四年，中國秦朝末年，兵荒馬亂之際所建立的南越國，是東南亞大陸地區較早形成的國家，其範圍最大時包含今日越南北部、中部，以及中國海南與兩廣沿海地區。漢朝時南越國被中國併呑。二世紀末，中國東漢時期，位於今越南中部的日南郡叛變，建立林邑國。林邑國在中國各朝代有不同的稱呼，如占婆、占城等。

越南南部湄公河三角洲一帶，最早屬於扶南國。扶南國大約在西元一世紀建國，曾占領中南半島南方沿海多數地區。在三國時期，東吳和扶南便有往來。至西元七世紀，被屬國眞臘國所滅，而後，越南南部便一直屬於眞臘國——即今日的柬埔寨。

越南北部紅河三角洲一帶，從漢朝至五代，幾乎都在中國的統治範圍。直到九三九年終於脫離中國，獨立建國[3]，是爲越南史上的吳朝。從此以後，越南走上朝代更迭之路，領土不斷向南擴張，與南方的占婆常有軍事衝突，還曾找中國介入調停。

2 越南文：Áo dài。Áo源自華文「襖」，而dài的意思就是「長」

3 西元1407至1427年，越南曾短暫被中國明朝併呑

獨立建國後的越南，中國、日本多稱之為安南或交趾。其國號由大瞿越[4]、大越[5]，陸續演變。一八〇二年，越南阮朝立國，定都中部順化，一八〇四年正式改國號為越南[6]。阮朝是越南歷史上第一個完整統治現今越南從北至南所有領土的朝代。在明命帝統治下，越南日漸強大，先滅掉了占婆，後來繼續擴張，領土最大時甚至包含今日柬埔寨南部與寮國中部地區。

越南，在入侵與被入侵的過程中，吸收了中國、法國，甚至周邊其他東協國家的文化特色，逐漸成為現在的模樣。而北中南不同的發展歷程，也造就了越南的三大菜系。

北越是越南文化發源地，受中國影響深，氣候也與台北有些類似，有寒冷多雨的冬天。著名的越南菜餚牛肉河粉[7]，與粵菜中著名的乾炒牛河系出同源，是受到發源於廣州沙河鎮的沙河粉影響。一九二〇年代河內出現第一家販賣越南河粉的餐館，一九五〇年代，河粉傳入西貢。而河內南方清池出產的清池粉卷[8]，是從粵菜中的腸粉變化而來。越南過年時食用的方粽，也是北越菜系。另外，北越喝酒時以狗、羊、蛇、鱉肉為下酒菜，愛喝茶的習慣，也都是受到中國影響。

一般來說，北越菜比較重鹹，南越菜則較甜，而且酸辣，特色是使用大量新鮮的香草。南越沒有冬天，受到中南半島其他國家及法國影響更甚。越南法國麵包是法國殖民的產物，而南越愛喝咖啡也是受法國影響。早期越南酪農業不發達，無法提供新鮮的牛乳，所以才用煉乳取代法國咖啡歐蕾[9]中的鮮乳，並加入大量的冰塊，形成口味獨特的越南牛奶冰咖啡[10]。另一個大家熟悉的南越菜薑黃煎餅[11]則是柬埔寨的傳統食物，是全家人相聚常吃的一道菜，又稱為散餅，象徵家族開枝散葉。南部的粽子是長條狀，製作時會加入椰奶，南洋風味十足。而同樣也用了薑黃與椰奶的小圓餅蝦塔[12]，更是南越愛吃的鹹點心。

4　越南文：Đại Cồ Việt　5 越南文：Đại Việt　6 越南文：Việt Nam

7　越南文：phở bò，phở是指越南河粉，bò意思是牛

8　越南文：Bánh cuốn，台灣又稱為蒸春捲

9　法文：café au lait，是咖啡（café）加（au）牛奶（lait）的意思，黑咖啡與熱牛奶以1:1的比例調製。與拿鐵咖啡不同。拿鐵咖啡中，expresso與牛奶的比例是1:3-5，並且要再加上奶泡。

10　越南文：Cà phê sữa đá　11 越南文：bánh xèo　12 越南文：bánh khọt

另外，由於越南最後王朝阮朝的國都順化位於中部，中部菜走皇室風，調味與用料都非常豐富多彩，使用許多小配菜，鹹辣並重，將河粉、炸春捲[13]變得更加精緻，成爲南北越都喜愛的料理。而順化牛肉粉[14]的製作方式，據說比一般越南河粉更加繁瑣、費工。牛肉需先醃製，而且通常使用米粉或米線，而不是使用河粉。除了牛肉，還常加入豬腳與火腿等配料，十分豐盛。

在越南，年輕未婚的女性會用香蘭葉、薑黃、木鱉果、蝶豆花、紅絲線等植物，將糯米飯染成綠、黃、橘、藍、紫紅色，五彩繽紛，並捏成各種花樣，透過小小的巧思暗自較勁。祭祀時，將糯米飯裝飾得最漂亮的姑娘，很快就會有人提親。

而越南著名的鴨仔蛋，雖然從北到南都愛食用，但是吃法各有不同。如果到餐廳點了鴨仔蛋就會發現，北部通常會將整顆蛋剝好殼後放在小碗中，用小湯匙直接吃。南部卻只將殼頂打開一個小洞，用小容器將蛋立起，放在盤子上，盤中還佐有各式香料、魚露、檸檬、辣椒。但是無論如何，俗稱叻沙葉或越南芫荽的蓼科香草——香辣蓼，都是享用鴨仔蛋的最佳配角。

另一個越南美食生春捲[15]，不確定是否受中國影響。雖然越南北中南各地可見，但是內容物有所不同。來到台灣，爲了配合當地的口味，會去掉很多香草。據說，道地的越南生春捲跟法國麵包，一定要加越南毛翁才夠味。早期台灣的越南餐廳都是偏南越菜，但是隨著從越南來台的新住民漸多，北越、中越的菜色也陸續出現在台灣。二〇一八年端午節前，我觀察到用來包越南方粽的植物尖苞柊葉出現在東協廣場。據說，一定要用尖苞柊葉來包，才能顯現正宗北越風味。

13 越南文：chả giò chiên
14 越南文：Bún bò Huế
15 越南文：Gỏi cuốn

蝦塔是南越愛吃的鹹點心

越南南部的粽子是長條狀，製作時會加入椰奶

越南粉卷又稱「蒸春捲」，是從粵菜中的腸粉變化而來

越南牛肉河粉與廣東的乾炒牛河系出同源

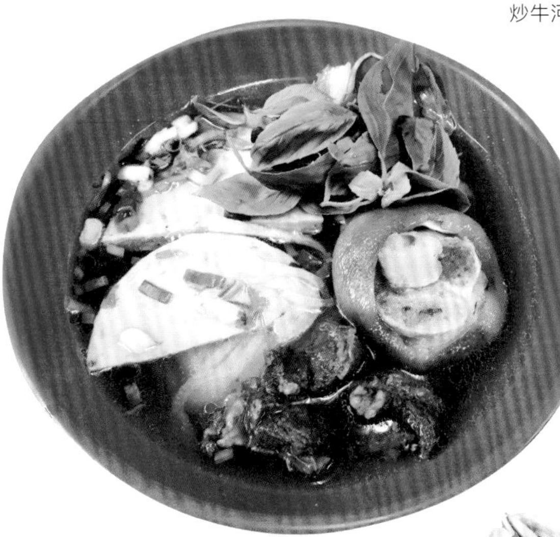

順化牛肉粉製作繁瑣，除了牛肉，還常加入豬腳、火腿等食材，是越南中部菜的代表

越南生春捲跟法國麵包，一定要加越南毛翁才夠味

鴨仔蛋一定會搭配香辣蓼

越南的Bánh ít，製作方式與口感都與麻糬雷同，差別在於Bánh ít會用芭蕉葉包裹起來蒸熟。內餡有甜有鹹，包椰子或綠豆餡的最常見

用斑蘭、木鱉子、薑黃染色的糯米飯

越南炸春捲通常會包芋頭與冬粉

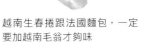

no.05

越南白霞

名稱 大野芋、白霞、越南白霞、dọc mùng、rọc mùng、bạc hà（越南文）

學名 *Colocasia gigantea* (Blume) Hook. f./ *Leucocasia gigantea* (Blume) Schott

科名 天南星科（Araceae）

原產地 孟加拉、中國南部、緬甸、泰國、寮國、柬埔寨、越南、馬來西亞、蘇門答臘、爪哇、婆羅洲

生育地 林下潮濕遮蔭處，地生

海拔高 1000m以下

●植物形態與生態

芋屬的超大型草本，高可達3公尺。葉片叢生於莖頂，長可逾2公尺。相較於一般食用的芋頭（*Colocasia esculenta*），大·野芋除了更加巨大外，其葉緣波浪狀，葉脈呈綠白色，十分明顯。而跟姑婆芋（*Alocasia odora*）相比，大野芋跟其他可食用的芋屬一樣，葉片防水，水珠可聚集，姑婆芋則否。原產於中國南部及東南亞，常與姑婆芋混生。

白霞炒肉絲即十分美味可口

●食用方式

越南白霞或稱白霞，其實是大野芋的芋梗。口感似蓮霧，並且有一股特殊的香味，可以生吃、煮湯或快炒。東協廣場十分常見，全年均有販售。推測應該是1990年或2000年後由越南華僑、泰緬孤軍或新住民各自引進，全台各地偶見栽培。南部地區有族群逸出野外。

上：新住民栽種在住家旁邊的大野芋

下：東協廣場待售的白霞就是大野芋的芋梗

no.06

木鱉果

名稱 木鱉子、木鱉果、Gấc（越南文）
學名 *Momordica cochinchinensis* (Lour.) Spreng.
科名 瓜科（Cucurbitaceae）
原產地 印度、斯里蘭卡、中國南部、中南半島、馬來西亞、印尼、新幾內亞、澳洲北部、菲律賓、蘭嶼、台灣
生育地 森林內開闊處或林緣，藤本
海拔高 0 ～ 1000m

● 植物形態與生態

多年生藤本。單葉，互生，三角形，三裂至五裂的掌狀裂葉。單性花，雌雄同株或異株，淡黃色，單生於葉腋，花苞形狀如雙殼綱的貝殼。果實橘紅色，有棘刺狀突起。種子黑褐色，扁平，似鱉甲，故名木鱉子。

木鱉果表皮有棘刺狀突起

木鱉果的掌狀裂葉

● 食用方式

木鱉果廣泛分布在印度至澳洲熱帶地區，台灣野外也有自生。種子有毒，可以做藥用，果實跟嫩葉則可做菜。根據國外研究，木鱉果富含茄紅素及很多的營養素，所以又被稱爲「天堂果」或「長壽果」。

台灣的原住民會食用它的嫩芽和綠色的未熟果。越南則會將紅色果肉拌在飯裡煮。新鮮的果實似乎有微量毒素，最好煮過再食用。近幾年，業者或新住民從印尼及越南所引進的木鱉子，果實跟種子都比台灣野外的更巨大。東協廣場可以買到新鮮果實，還有用木鱉子果肉下去染色的糯米飯。

no.07

紅絲線

名稱 染色九頭獅子草、紅藍、紅絲線、lá cẩm（越南文）、magenta plant（英文）

學名 *Peristrophe bivalvis* (L.) Merr./ *Peristrophe roxburghiana* (Roem. & Schult.) Bremek.

科名 爵床科（Acanthaceae）

原產地 印度南部、中國大陸南部、泰國、柬埔寨、寮國、越南、馬來半島、爪哇、菲律賓、台灣中南部

生育地 林下陰濕處

海拔高 0 ～ 1600m

● 植物形態與生態

直立草本，高可達1公尺。單葉，對生，稀疏的盾鋸齒緣。花紫紅色，聚繖花序頂生或腋生，總苞二或四枚。蒴果。

越南使用的學名*Peristrophe roxburghiana*是長花九頭獅子草的同種異名，不過，紅絲線花的顏色比較偏深紫色，而且其中一個花瓣有細小的暗紅色斑點，與台灣野外的長花九頭獅子草有所不同。

● 食用方式

紅絲線的莖葉水煮後，水會變成紫紅色，是天然的染料，越南通常用來將食物染色。

上：紅絲線的花
下：台灣野外的長花九頭獅子草花顏色比較淡，上下花瓣都沒有斑點（攝影／王秋美博士）

攝影／王秋美博士

no.08

尖苞柊葉

名稱 尖苞柊葉、lá dong（越南文）
學名 *Phrynium placentarium* (Lour.) Merr.
科名 竹芋科（Marantaceae）
原產地 印度、不丹、中國南部、緬甸、泰國、越南、印尼、菲律賓
生育地 森林內遮蔭處，地生
海拔高 0 ～ 1500m

●植物形態與生態

多年生草本，株高可達1公尺。根莖匍匐狀生長，形態似葛鬱金（*Maranta arundinacea*），但較長。葉基生，葉柄細長，葉身長可逾50公分。花白色，頭狀花序無總花梗，直接生於葉鞘上。果實有暗紅色假種皮。廣泛分布喜馬拉雅山南麓至東南亞的熱帶森林。

尖苞柊葉的花（攝影／王秋美博士）

●食用方式

尖苞柊葉根莖切片可供藥用，葉子則是包越南粽子的粽葉。越南文稱之爲lá dong，其中lá的意思就是葉子，dong應該就是柊。越南粽子有很多種，以尖苞柊葉包成方形的粽子，越南文是Bánh chưng，裡面包生糯米、綠豆粉，還有一塊豬肉，是過年時必吃的傳統食物。於2018年首次在網路及東協廣場上見到尖苞柊葉。推測引進時間應該不長，栽培不廣。因此，目前台灣市場上販售的越南粽子仍多半以竹葉替代尖苞柊葉。

以尖苞柊葉來包的越南方粽，在台灣通常用竹葉或芭蕉葉替代

2018年端午節前在市場上出現的尖苞柊葉

CHAPTER 4

柬埔寨

吳哥窟中的《古墓奇兵》

柬埔寨料理中的酸、辣、苦，

或許是受泰國的影響，

但是柬埔寨料理走微微辣、微酸、微微苦，

而甜味相對明顯的做法，

反倒更平易近人。

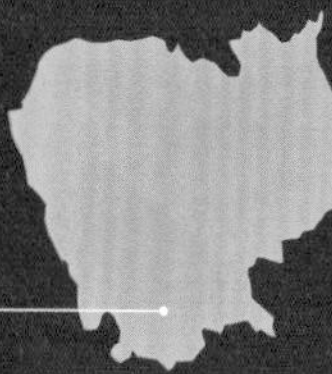

Cambodia

二〇〇一年，由安潔莉娜・裘莉[1]主演，一部改編自3D電腦遊戲的同名動作電影《古墓奇兵》[2]上映，電影拍攝地點吳哥窟成爲舉世熱門的觀光勝地，每年旅遊人次不斷增加，二〇一七年甚至達五百六十萬人。這座曾消失在雨林裡的中世紀城市，有許多令人著迷與嚮往之處。柬埔寨於一八六三年起，將吳哥窟做爲國家標誌印在國旗上，聯合國教科文組織於一九九二年將吳哥窟列入世界文化遺產。

吳哥窟位於柬埔寨西北部的暹粒市，原本是十二世紀初吳哥王朝的新王爲了建立威望，花了三十多年完成的一座「毗濕奴[3]神殿」，做爲國廟與自身駕崩後的太廟。透過建築物的安排，將印度神話中的「世界」具體呈現，結構布局巧妙，建築宏偉，雕刻細膩，不但具有重要的文化意義，也是當時高棉帝國國力鼎盛的象徵。

除此之外，吳哥窟的迷人之處，還有那一株一株聳立天際，盤根錯節於建築物之

盤據建築物上的巨大四數木是吳哥窟知名拍照景點

1 英文：Angelina Jolie
2 英文：Tomb Raider
3 毗濕奴是印度教的神祇，詳細請參考第103頁第一段的介紹

上的巨大樹木——四數木，以及保護著整座古剎的叢林。到過柬埔寨旅遊的人口不少，幾乎人人都會在四數木面前讚嘆並拍照留念。而我也總是在想，一八六一年法國博物學家亨利．穆奧[4]無意間發現湮沒在叢林中的吳哥窟時，這些巨大的四數木是否已經存在？又或者過去曾有更大的樹，只是已隨時間推移而傾倒。做爲一個熱帶雨林及歷史文化的愛好者，吳哥窟之於東南亞，就如同馬雅之於中美洲。

柬埔寨，一個歷史悠久的國家。大約在西元一世紀就建立了一個印度化的古國——扶南，掌握了印度與中東商人到中國貿易的必經之地。受惠於貿易，國力日漸強盛，整個中南半島南部幾乎都成爲扶南的領土。而以農立國的眞臘，位在今日柬埔寨北部與寮國南部，原本只是扶南的屬國。

六世紀中葉後，扶南與眞臘角色互換，扶南國勢日漸衰弱，領土不斷縮小，變成眞臘的屬國。六二七年，眞臘消滅扶南，成爲另一個掌握中南半島的大國，於七世紀中葉達到鼎盛。

八世紀初，王位之爭導致眞臘分裂成水眞臘與陸眞臘。八世紀末，水眞臘甚至被攻陷，短暫受爪哇的古國夏連特王國統治。八〇二年，闍耶跋摩二世脫離夏連特王國，並且統一水陸眞臘，建立高棉帝國——又稱爲「吳哥王朝」，國力鼎盛，文化燦爛，版圖最大時擴及今日柬埔寨全境以及泰、寮、越三國的部分地區。

十五世紀，高棉帝國走向下坡。一四三一年，暹羅包圍七個月後，攻破吳哥城，高棉帝國因此放棄吳哥城而遷都金邊。直到一八六三年，或許是長期苦於越南與暹羅的侵犯與割據，偏安於最後領土的柬埔寨國王，同意做爲法國保護國。二戰時，柬埔寨同樣受日本占領。戰

4 法語：Henri Mouhot

後，柬埔寨的獨立與現代化之路走得並不順遂。雖於一九五三年脫離法國獨立，但一九六〇年代起，又在中、美、蘇三大國的政治博弈下，不斷發生內戰。

帶領柬埔寨與法國抗爭，走上獨立之路的柬埔寨國王西哈努克[5]上位後與共產陣營交好，引起美國不安。一九七〇年，美國趁西哈努克外交訪蘇期間，協助發動政變，建立親美政權。此舉造成西哈努克國王的憤怒，呼籲愛戴他的人民加入紅高棉，以致越戰期間，親美的軍政府和親中的紅高棉軍交戰，民不聊生。

一九七五年美軍撤退後，柬埔寨全面赤化，軟禁西哈努克國王，實施極左恐怖統治。紅高棉政府恣意屠殺人民，加上飢荒，導致柬國約五分之一的人口，近兩百萬人死亡。一九七八年親蘇的越南入侵，人民不但沒有反抗，還視爲解放行動，紅高棉的暴政因此得以曝光及結束。一九七九年越南攻入金邊，建立傀儡政權「柬埔寨人民共和國」。一九九一年柬埔寨放棄馬克思列寧主義，改爲多黨制。一九九三年，在聯合國協助下恢復君主制，並確立國名爲「柬埔寨王國」，西哈努克重新登基爲國王，柬埔寨社會終於日趨安定。

隨著柬埔寨的開放，吳哥窟成爲觀光勝地，促使柬國的旅遊業迅速發展，經濟逐漸提升。這幾年外資甚至大量湧入，首都金邊的房地產還成爲亞洲其他國家投資炒作的新標的，台灣的建商、房仲業者與投資客大約在二〇一〇年後開始前進金邊。至今，金邊的房地產漲幅已逾百分之百，逾五成的房地產都是台灣人在交易。

商業活動帶來人潮，「吃」便成爲首要的民生問題。東南亞最大的洞里薩湖與湄公河下游豐沛的水資源，讓柬埔寨成爲魚米之鄉，以米做爲主食，魚、蝦、蟹及鱷魚則是主要蛋白質來源。曾做爲一個印度化古文明，受印度影響的咖哩菜於高棉菜中仍舊可見；十五世紀後，

5 高棉文：នរោត្តម សីហនុ，轉寫：Norodom Sihanouk，又譯做施亞奴

暹羅與越南的入侵也讓柬埔寨美食與泰式料理、越南料理共有許多菜色。越南料理中的炸春捲、生春捲、鴨仔蛋，以及泰式料理中各式米線、炒粿條、炒飯等，柬埔寨也都有。料理中的酸、辣、苦，或許是受泰國的影響，但是柬埔寨料理走微微辣、微酸、微微苦，而甜味相對明顯的做法，反倒更平易近人。

湄公河三角洲曾是柬埔寨故土，十七世紀被越南蠶食鯨吞，薑黃煎餅[6]便在這樣的歷史背景下，自柬埔寨傳到了南越。而法國麵包與煉乳咖啡，是柬埔寨與越南都曾受法國殖民的共同特色。但柬式法國麵包中包的往往是魚，而非越式法國麵包中常見的火腿。

不過，相較於中南半島其他國家，柬埔寨似乎更愛堅果與香蕉。如果炸香蕉是菲律賓的特色小吃，那麼烤香蕉就屬於高棉風。而以香蕉葉包裹魚、雞、豬，並加上柬式咖哩的Amok，一直都是柬埔寨最受歡迎的美食。而柬埔寨料理中豐富的昆蟲、蜘蛛、青蛙、蛇，或許是源自紅高棉時期的貧困與飢荒或更古老年代的戰亂，也可能是受到寮國的影響，使得這些生物在柬埔寨地區都成爲了佳餚，甚至影響了泰國東北地區的菜色——「依善菜」。

如果不能穿越時空，卻想要看看未受鄰近國家與西方列強影響的高棉料理，西元一二九五年，元代周達觀將在吳哥王國所見所聞寫成的《眞臘風土記》，倒是可以窺見一斑。當時高棉的主食與現在同樣是米飯，蛋白質也是取自洞里薩湖。書中將洞里薩湖稱作「淡水洋」，有非常多周達觀不認識的魚類[7]。值得注意的是，富庶的吳哥王朝並不食用青蛙跟螃蟹[8]，與今日情況有所不同，更沒有食用昆蟲的紀錄。可見這些應該都是後來戰亂與飢荒才成爲高棉人的盤中飧。倒是鱷魚，卻是從古至今都被高棉人當作美食[9]。

炸昆蟲是柬埔寨常見的料理，左邊是蟋蟀，右邊是蠶蛹

《眞臘風土記》還有一項有趣的記載，十三世紀時，吳哥人沒有醋，而是使用「咸平樹」的樹葉、幼果或果實做爲料理中酸味來源[10]。咸平樹就是我們今日所熟悉的羅望子，葉子、幼果、果肉皆可食用。高棉語稱羅望子爲អំពិល，轉寫爲ampil。咸平應該就是ampil的音譯。周達觀寫作《眞臘風土記》之時，或許難以想像數百年後，吳哥城會淹沒在熱帶森林中，成爲廢墟。但近代的我們，看完《古墓奇兵》電影後，還能透過《眞臘風土記》的記述遙想當年。帶領讀者們穿越時空，正是古書的魅力呀！

「高棉的微笑」座落於吳哥城內的巴戎寺

6 高棉文：ហាញ់ឆែវ，轉寫：banh chev，發音與越南語Bánh xèo類似
7 〈魚龍〉篇章的原文：「更有不識名之魚亦甚多，此皆淡水洋中所來者。至若海中之魚，色色有之。」
8 〈魚龍〉篇章的原文：「鱔魚、湖鰻，田雞土人不食……獨不見蟹，想亦有之，而人不食耳。」
9 〈魚龍〉篇章的原文：「鰐魚大者如船，有四腳，絕類龍，特無角耳。肚甚脆美。」
10〈鹽醋醬麴〉篇章的原文：「土人不能爲醋，羹中欲酸，則著以咸平樹葉，樹既生莢則用莢，既生子則用子。」

柬埔寨的河粉微微酸、微微辣，和越南河粉有所不同

薑黃煎餅搭配生菜、紫蘇、薄荷、魚腥草等，用糯米做的半透明越南春捲皮裹起來一起吃

左：柬埔寨的法國麵包中，小黃瓜、胡蘿蔔等配菜都是醃製過的，酸酸甜甜，配上烤肉或魚肉非常好吃；右：煉乳咖啡是柬埔寨與越南的共同特色

柬埔寨的酸魚湯，有種越南酸魚湯混合了泰國冬陰湯的感覺，酸味來源就是羅望子

柬式咖哩Amok在台灣也品嚐得到

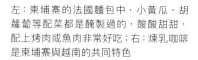

攝影／ Anne Wang

no.09

四數木

名稱 四數木

學名 *Tetrameles nudiflora* R.Br.

科名 四數木科（Tetramelaceae）

原產地 印度、斯里蘭卡、安達曼、孟加拉、不丹、中國雲南、緬甸、泰國、寮國、柬埔寨、越南、馬來西亞、印尼、澳洲東北

生育地 半落葉季風林或較乾燥常綠雨林

海拔高 900m以下

●植物形態與生態

四數木科只有兩屬兩種，分別是四數木及八果木（*Octomeles sumatrana*）。四數木是落葉大喬木，生長迅速，高可達45公尺，有巨大的板根。葉類似常見的蕁麻科植物，兩面有柔毛，心形，鋸齒緣。雌雄異株，蒴果。廣泛分布在印度至澳洲之間的季風雨林。

●食用方式

不可食用。台灣去過東南亞旅遊的人口相當多，曾在四數木面前拍照留念的人不在少數。但是很可惜，幾乎沒有一本旅遊書籍介紹過四數木，網路也鮮少台灣人在旅遊心得中特別提過它。台灣雖沒引進這種巨大的植物，但是它卻跟台灣人頻繁接觸。希望大家下回到東南亞——特別是吳哥窟，可以跟四數木打聲招呼。

長在吳哥窟遺址上的四數木（攝影／ Anne Wang）

no.10

羅望子

名稱 羅望子、酸豆、Me（越南文）、**มะขาม**（泰文）、မန်ကျည်း（緬甸文）
學名 *Tamarindus indica* L.
科名 豆科（Fabaceae or Leguminosae）
原產地 非洲
生育地 灌叢、疏林、河岸林
海拔高 0 ～ 1500m

●**植物形態與生態**

喬木，高可達30公尺。一回羽狀複葉，小葉全緣。花淡橘黃色，總狀花序腋生。莢果貌似小狗的排遺，又被戲稱是狗大便。原產於非洲熱帶地區的乾燥森林及疏林。

結實累累的羅望子

羅望子的花十分別緻

●食用方式

羅望子栽培歷史久遠，是1753年林奈在《植物種志》書中發表的眾多植物之一。台灣於1896年引進，中南部較老的公園及校園常可見到巨大的植株。印度及東南亞地區是主要栽培地。因爲東南亞沒有醋，羅望子便成爲東南亞料理中不可或缺的酸味來源。可以煮湯、做咖哩、做沾醬，應用十分廣泛。台中東協廣場、大賣場常見販售羅望子的果實。成熟果實去殼後，假種皮可生食，酸酸甜甜十分美味；未熟果也可以連皮咀嚼，較熟果更酸，且有澀味。熟果通常在夏天販售，未熟果則於秋天上市。製成醬料或糖果則不受季節影響，全年都可以在東南亞超市買到。

羅望子的成熟果實可以直接生吃

待售的羅望子幼果

料理用的羅望子醬

羅望子糖

台灣的東南亞雜貨店可以見到添加羅望子的香皂或彩妝用品

CHAPTER 5

泰國、寮國

我在《異域》看見東炎

料理本非一成不變，

泰式料理也是數百年來，

吸收了印度、中國、緬甸、寮國、馬來西亞，

甚至西方國家的食材、香料、技術與概念，

發展而成的龐大且複雜的著名菜系。

泰式料理可能是台灣最多人喜歡的東南亞料理，酸酸辣辣的口感，是夏日很棒的選擇。時至今日，泰式料理更搖身一變，成爲一種時尚。其實，泰式料理在台灣發展有數十年的歷史。

一九六〇年代，泰國與台灣兩國官方及民間交流熱絡。泰國於一九六一年同意聯合國將部分泰緬孤軍安置在清萊府美斯樂，前泰皇蒲美蓬還曾於一九六三年六月，攜王后詩麗吉來台訪問。而後，當時的副總統嚴家淦與國防部長蔣經國也分別於一九六八年、一九六九年訪問泰國。位於敦化北路上的台北文華東方酒店的前身——中泰賓館，是在泰國發跡的企業家林國長，於一九六二年投資興建的物業。中泰賓館落成後還設立泰國菜餐廳，這是泰式料理在台灣的濫觴。

然而，好景不常。一九七五年泰國與台灣當局斷交[1]，與中國建交，刺激部分紅色恐慌的泰國華僑遷徙來台，間接促成台北出現專賣泰式料理的餐廳。目前台灣營業最久的泰國小館，於一九七八年成立。老闆原本是滯留在美斯樂的泰緬孤軍，一家三口就在這樣的歷史背景下遷移台北。而水源市場旁的金三角泰緬雲南小吃店[2]，或許也是差不多時間成立。

一九八二年，曾撰寫《異域》[3]小說的作家柏楊親自到訪美斯樂，披露了孤軍在泰國當地過著沒水沒電的克難生活，引發台灣與香港的救濟潮。隔年，陳彼得還爲此寫了一首歌曲《美斯樂》，由費玉清演唱；而羅大佑創作《亞細亞的孤兒》[4]，副標題「紅色的夢魘，致中南半島難民」，被視爲描述「異域孤軍」處境的經典歌曲。泰北孤軍的問題再度浮上檯面。一九九〇年，朱延平導演改編自柏楊小說《異域》的同名電影上映，由庹宗華與劉德華領銜主演，片尾曲正是王傑翻唱羅大佑所創作的《亞細亞的孤兒》。

1 1946至1975年，泰國是中華民國的邦交國

2 已歇業

3 最早是1960年12月柏楊以筆名鄧克保在自立晚報連載刊登，標題爲〈血戰異域十一年〉。次年即由平原出版社編輯成冊發行，後經不同的出版社多次再版

4《亞細亞的孤兒》原本是作家吳濁流成名的長篇日文小說。敘述日治時期的台灣知識分子在台灣受日本殖民的欺壓，到中國後又不被認爲是中國人而受到歧視。1983年羅大佑創作同名歌曲《亞細亞的孤兒》，一直被視爲描述「異域孤軍」的處境。直到2009年，羅大佑才說此曲原意是影射中美斷交事件中的台灣人，副標只爲應付當年的歌曲檢查政策

這些歌曲和電影創作，間接帶起了一波泰式餐廳的風潮。如大安區延吉街上知名的老字號餐廳湄河泰國料理，肇始於一九八六年。而一九九〇年開設於台北市仁愛路的瓦城泰國料理，或許是台灣第一家泰式料理連鎖餐廳。另外，緬甸華僑歌手高明駿與他的堂兄弟也於一九九四和一九九五年，分別在新北土城區與高雄三民區開設高明駿皇城泰緬料理、皇城泰緬餐廳 T.M.Palace。至一九九五年，瓦城集團另外創立於復興北路的非常泰概念餐坊，引領泰式料理走時尚風。一九九七年，六名建中校友合開於南海學園的泰平天國，也趕搭這階段泰式料理風潮的末班車。瓦城，這個緬甸城市名，是緬甸華僑對曼德勒[5]的稱呼，卻陰錯陽差成爲台灣著名連鎖泰式餐廳的名稱，或許與緬甸華僑歌手高明駿早期曾入股有關[6]。

二〇〇〇年代，泰式料理之爭逐漸白熱化，並且開始有各種不同的創意出現。二〇〇一年，創辦人來自緬甸的晶湯匙泰式主題餐廳 Crystal Spoon 加入戰局。次年，第一家將泰國菜與手工釀造啤酒結合的卓莉 JOLLY 手工釀啤酒+泰食餐廳於內湖展店。二〇〇六年台北晶華酒店集團，結合泰國菜以及自助餐的模式，打造類似 Villa 般的用餐環境，創立五星級泰式海鮮自助餐——泰市場。

二〇一〇年社交軟體 Instagram 發布，照片修圖功能推陳出新，藉由華麗照片來吸引目光的 IG 風潮快速竄起，影響了整個餐飲市場。泰式料理受這波美力驅動，開始走向浮誇的階段。如二〇一六年來亨國際服飾跨足餐飲業所創辦的泰式花園餐廳 Thai.J，強調宛如置身雨林的用餐環境。而連續多年獲得 Thailand Tatler 雜誌讀者票選爲最佳泰國料理餐廳 NARA Thai Cuisine，也於二〇一七年到台北插旗。單身經濟來臨，二〇一四年藍象廷泰式火鍋在台北慶城街開了台灣第一家泰式個人鴛鴦鍋，主攻喜歡泰式料理與火鍋的客群。這些現象，不僅顯示台灣的泰式料理市場受到國際關注，也反映了新的消費趨勢與社會變遷。

5 緬甸文：မန္တလေး，英文：Mandalay，是位於緬甸中部，伊洛瓦底江畔的城市，因爲緬甸古都阿瓦在其近郊而被華僑稱爲「瓦城」

6 高明駿後來退股，由徐承義獨自經營

然而，有趣的是，泰式料理引進台灣數十年後，除了融入台灣人民的生活外，也在台灣演化出與泰國本地不同的新風貌。台灣各地泰式料理餐廳中常見且受歡迎的「月亮蝦餅」，正是台灣所研發的新菜色，據說融合了台菜、泰菜、緬甸菜、越菜的手法研發而成，從台灣紅到了泰國。

料理本非一成不變，泰式料理也是數百年來，吸收了印度、中國、緬甸、寮國、馬來西亞，甚至西方國家的食材、香料、技術與概念，發展而成的龐大且複雜的著名菜系。特色是講求酸、辣、鹹、甜、苦五味平衡。通常使用新鮮的香料，如檸檬葉、香茅、甲猜、打拋葉、羅望子、辣椒等，鮮少使用乾的香料。就像我國有台菜、客家菜、原住民風味餐，泰式料理也可區分爲四大菜系：首都菜、北大年菜、蘭納菜以及依善菜。四大菜系的發展，與泰國的歷史文化脫不了關係。

「依善菜」又稱伊森菜[7]，是泰國東北菜，受寮國飲食影響，喜食糯米，並且善用檸檬汁。料理主要口味是酸、辣、甜，不喜歡油膩。有名的涼拌青木瓜絲就是源自寮國，經由依善傳遍泰國。另外，泰國東北部氣候較乾燥，物產不如其他各區，以至於依善菜也受寮國、柬埔寨影響，食用青蛙及各種昆蟲，如蟋蟀、蠶蛹。而最有名的一道菜「蟒大」[8]，俗稱「水蟑螂」，其實是一種大型的水生肉食性昆蟲印度大田鱉[9]，在台中東協廣場的泰國商店偶爾會見到。除了泰國以外，柬埔寨、越南與菲律賓似乎也會食用這種昆蟲。

今日泰國的泰族、寮國的佬族、中國的傣族、緬甸的撣族，都屬於泰民族——亦可稱爲「泰族」或「泰佬民族」。居住在泰國東北方的伊森族與寮國的佬族原屬同一支，卻在泰國與寮國自古以來剪不斷理還亂的歷史糾葛中漸漸分道揚鑣。

「蟒大」，是一種大型的水生昆蟲印度大田鱉，台中東協廣場與中壢車站的泰國商店也買得到

7 泰國將位於東北部的20個府稱爲「依善地區」或「伊森地區」，泰文 **อีสาน**，英文音譯做Isan，意思就是東北
8 泰文：**แมงดา**，轉寫作Mang Dah
9 半翅目負蝽科田鱉屬，拉丁文學名*Lethocerus indicus*

寮國是中南半島唯一不靠海的國家，與中南半島其他四國和中國雲南都有鄰接，中國與港澳地區稱爲「老撾」。寮國跟泰國文化類似，卻一直受到鄰近國家侵擾。北方於八至十世紀曾是中國西南方古國南詔國的領土，南方則屬於眞臘國。後來吳哥王朝興起，寮國與泰國大部分地區都被兼併。直到一三五三年，寮國才首次出現統一的王朝瀾滄王國[10]。瀾滄意思爲百萬大象，全盛時期疆域包含現在泰國的依善地區。

十八世紀瀾滄王國分裂成永珍、占巴塞、琅勃拉邦三個國家後，開始被東西方日漸強大的鄰國——暹羅[11]與越南侵略、瓜分，直到十九世紀法國人來了之後才停止。永珍王國被暹羅消滅時，大批佬族人往南遷徙至依善地區。後來法國與暹羅訂定邊界，依善地區留在泰國疆域，寮國成爲法國的殖民地。漸漸地，南遷的佬族「泰國化」成爲今日泰國的依善族，和佬族有了不同的國家認同。然而，至今寮國文跟泰文仍有許多共通處，許多字可以直接對應，寮國人民甚至不需經過翻譯就可以看懂泰國的電視劇。而泰國依善地區與寮國的飲食文化也保有許多相似的口味。

泰國北部菜又稱爲蘭納菜，與東北一樣以糯米爲主食，而不是泰國中南部習慣的茉莉香米。泰國北部鄰近緬甸撣邦，受緬甸菜影響，重鹹、重酸、重辣，並且喜歡用油炸方式來料理，使用魚露或蝦醬，卻幾乎不用椰奶，而咖哩也較中南部淡。

蘭納是曾經控制泰北地區的古國，於一二九二年由傣族人孟萊王建立，定都於國人熟悉的泰北城市清邁。清邁在清朝時中國稱爲「景邁」，與今日泰北的清萊、緬甸撣邦的景棟，都是蘭納國所建立的城市。一五五八年，蘭納國曾被緬甸東吁王朝征服，直到一八九二年，蘭納才正式被納入暹羅的版圖。由於孟萊王的母親是西雙版納古國[12]的公主，而且孟萊王曾領

10 又翻譯做南掌，或直接稱萬象王國

11 暹羅是泰國的舊稱

12 西雙版納古稱「勐泐」，南宋時期（1180 年）傣族建立「景曨金殿國」，統治中心勐泐即今日景洪市

導蘭納與西雙版納共同抵抗蒙古侵略，所以泰國北部與中國雲南西雙版納的傣族關係十分密切。泰北傣族人口中，至少有一半具有西雙版納傣族的血統，兩地的方言也相通。傣族又稱「擺夷族」，在台灣可以嚐到的擺夷料理不知是否與蘭納菜接近？而公館泰國小館是不是偏向道地的泰北菜？

一般普遍認爲泰國南方菜受馬來西亞及伊斯蘭文化影響，口味較重。若這是共識，那或許泰國南方菜可以依循蘭納菜的邏輯，稱爲「北大年菜」。雖然菜色與馬來西亞、印尼更相近，卻也與泰國中部一樣食用茉莉香米。泰國南方位在馬來半島北部，土地狹長，臨海，以新鮮海產入菜是特色。廣泛使用椰奶來綜合辣湯、咖哩，並使用果肉做菜。加了魚露的泰式叻沙[13]，是馬來西亞代表食物叻沙的變形；泰式沙嗲則源自印尼。台灣近來蝶豆花盛行，泰式料理餐廳用蝶豆染色的藍花飯，是泰國南方三府與馬來西亞吉蘭丹和登嘉樓共有的菜色。混合了椰奶、西米露、亞答子、白玉丹、紅毛丹、波羅蜜等熱帶水果的甜點摩摩喳喳，也是泰式料理受馬來西亞影響的證據。而臭豆自然分布在泰國南部與馬來群島，更是泰國南部與印尼、馬來西亞共有的特色蔬菜。較特殊的菜色是白斬雞，隨著中國海南移民傳入。

講到泰國南方，就容易令人聯想到二〇〇四年發生在北大年與宋卡府的清眞寺攻擊事件。與泰國多數人的信仰不同，泰國南方耶拉、陶公和北大年三府，以及宋卡府東南三區，居民多半是信仰伊斯蘭教的穆斯林，語言是亞維語——以泰國文字書寫馬來文。這段歷史跟依善地區有些雷同。

大概於西元一世紀，馬來半島東岸建立了一個印度化的古國叫做狼牙脩[14]。它是宋朝《諸蕃志》中的「凌牙斯加」，元代《島夷誌略》所寫的「龍牙犀角」，到了明朝《鄭和航海圖》已變成「狼西加」。中國在宋元之後，海上貿易日漸發達，貿易要塞狼牙脩也隨之興盛。

13 英文：Thai Laksa

14《梁書》、《南史》、《通典》、《舊唐書》、《新唐書》中稱作「狼牙脩」，玄奘《大唐西域記》則音譯爲「迦摩浪迦」

一四七四年，該地被信仰伊斯蘭教的北大年蘇丹國[15]取而代之，依舊是占據重要地理位置，各國貿易商人雲集之處。

一七八六年北大年蘇丹國被暹羅併吞。一九〇九年，英國覬覦馬來西亞這處交通要塞，與暹羅訂約劃界，原本北大年蘇丹國被一分為三：東邊的吉蘭丹、登嘉樓；西岸的玻璃市、吉打歸英屬馬來亞；中間北大年、耶拉和陶公留在暹羅。雖然替泰國菜增添了不同的風味，卻也為日後的衝突留下伏筆。

如果說北大年菜、蘭納菜、依善菜融合了鄰近各國料理的特色，那麼泰國歷朝歷代首都所在地昭披耶河[16]三角洲及中部平原所發展出來的中部菜——首都菜，是否就是最純粹的泰式風味？恐怕沒有這麼簡單！

十三世紀，泰民族才建立自己的國家。原本泰族居住在中國西南方，後來蒙古興起，漢族往南遷徙，壓迫到泰族原本的居住地，導致泰族往南遷徙。正好十三世紀，高棉人建立的吳哥王朝開始衰敗，蒙古人又入侵緬甸的蒲甘王朝，泰民族趁勢興起，中部平原地區於一二三八年建立了第一個王朝素可泰，早北部的蘭納王朝半個世紀。素可泰王朝不但創造了泰文，也接納了斯里蘭卡傳入的佛教。

一三五一年，昭披耶河下游又建立了另一個貿易、行政體制、軍事均強大的國家阿瑜陀耶王國[17]。先是一四三〇年攻破吳哥城，又在一四三八年將素可泰王國併吞。一七六七年，清乾隆三十二年，緬甸貢榜王朝消滅阿瑜陀耶王國後，中泰混血兒鄭信起兵抗緬，趁著清廷揮軍緬甸之際獨立，並在兩年後建立吞武里王朝。雖然鄭信在位短短十三年，卻對泰國影響深

15 英文：Pattani Kingdom、馬來文：Kerajaan Patani、泰文：อาณาจักรปัตตานี

16 又稱做「湄南河」，詳細請參考第39頁的註解

17 又稱「大城王國」

涼拌青木瓜絲就是源自寮國

泰式沙嗲則源自印尼

月亮蝦餅是泰式料理融入台灣
而研發的新菜色

摩摩喳喳混合了椰奶、西米露、亞答子、白玉丹、紅毛丹、波羅蜜等熱帶水果，是馬來西亞傳來的一道甜點

蝶豆染色的藍花飯是泰國南部與馬來西亞北部共有料理

遠。鄭信除了收復失地外，也不斷向外擴張。先派兵擊敗越南阮朝，收回眞臘宗主權，再從緬甸手上奪取了蘭納屬國；最後還征服了琅勃拉邦、永珍、占巴塞。當時暹羅十分強大，除了軍事力量，鄭信也致力推廣教育，並且積極與中國、荷蘭、英國展開貿易。

一七八二年，鄭信死後，他的好友暨大將昭披耶卻克里[18]建立曼谷王朝，是延續至今的泰國皇室。一七八六年，昭披耶卻克里以鄭信之子鄭華的名義，遣使赴中國朝貢。此後，泰國皇室都有一個中文名，如前泰皇蒲美蓬中文名鄭固，而詩琳通公主則叫做鄭琳。每年十二月二十八日，泰國的鄭王節便是紀念達信大帝鄭信。

或許是因爲鄭信的父親是廣東潮汕人，或許是因爲十七世紀末起，泰國的繁榮吸引了大批的中國貿易商，以至於泰國中部料理也受到潮州菜的影響，舉凡鍋子翻炒的料理方式，還有粥、粿條、蚵仔煎[19]等小吃，都可以看出中式料理的影子。如泰文 **โจ๊ก** 就是粥，發音也跟粥幾乎一模一樣。泰國路邊隨處可見的小吃泰式炒粿條，如果不特別說，眞的會誤以爲是辣炒粄條，它本來名稱是 **ก๋วยเตี๋ยว ผัด**，轉寫作 Kway Teow Pad，意思是炒粿條，後來因爲一些政治因素加了一個「泰」字變成 **ก๋วยเตี๋ยว ผัดไทย**，最後才簡寫爲現在大家所熟悉的 **ผัดไทย**（Pad Thai）。而粿條的泰文 **ก๋วยเตี๋ยว**，念起來跟台語或粵語很相近，新加坡與香港所謂「貴刁」其實是從粿條的台語音譯而來。

當然，除了這些長得很中國風的小吃，有名的東炎，還有打拋豬，也都是屬於泰國首都菜。打拋並不是一種料理方式，而是指一起拌炒的新鮮香料打拋葉。打拋葉又稱「聖羅勒」，植物分類上與九層塔同一屬，泰文是 **กะเพรา**，轉寫成 kaphrao，直接音譯做打拋，台灣早期取得不易，因此泰式料理餐廳常以九層塔替代。

18 本名通鑾（泰文：**ทองด้วง**，皇家轉寫：Thong Duang），因戰功而被鄭信封爲昭披耶卻克里（泰文：**เจ้าพระยาจักรี**，皇家轉寫：Chao P'ya Chakri）。曼谷王朝（卻克里王朝）第一位國王，自稱拉瑪一世
19 蚵仔煎的泰文是 **ออส่วน**，轉寫做 Aw Suan

東炎，與中國上湯和法國馬賽魚湯並列世界三大湯頭，音譯自泰文ต้มยำ[20]，意思就是酸辣湯，中文又稱「冬陰湯」。而冬陰功湯[21]的「功」[22]字，其實是泰文的蝦子，所以也可以翻譯做「酸辣蝦湯」。東炎基本上是使用南薑、羅望子、香茅、蔥、檸檬葉、辣椒和魚露一起烹煮而成，有些還會加入咖哩、薄荷、刺芫荽、檸檬汁、薑黃等各式香料。我想，東炎應該可以說是中南半島使用香料、香草的極致表現吧！

泰國玉佛寺興建於1782年，是曼谷王朝開朝時建築（攝影／陳欣郁）

20 轉寫作tom yum
21 泰文：**ต้มยำกุ้ง**，轉寫tom yum gung
22 泰文：**กุ้ง**

Kway Teow Pad Thai，泰式炒粿條是泰國隨處可見的小吃

台灣的泰式料理餐廳常以九層塔替代打拋葉

冬陰功湯也可以翻譯做「酸辣蝦湯」，可說是中南半島使用香料、香草的極致表現

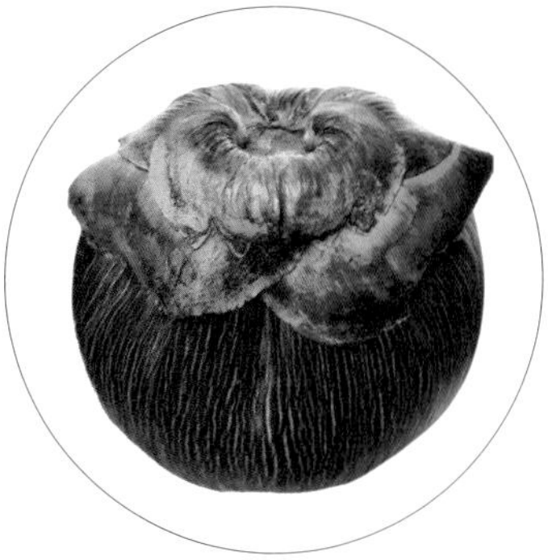

no.11

白玉丹

名稱 糖棕、扇椰子、貝多羅樹、白玉丹、palmyra palm（英文）

學名 *Borassus flabellifer* L.

科名 棕櫚科（Palmae）

原產地 印度、斯里蘭卡、緬甸、泰國、寮國、柬埔寨、越南、馬來西亞、印尼、新幾內亞

生育地 季風林、河谷、沖積平原

海拔高 0 ～ 800m

●植物形態與生態

大喬木，高可達30公尺。葉扇形，掌狀裂，叢生莖頂，葉柄有銳刺。單性花，雌雄異株。核果球形。

糖棕的植株十分高大

●食用方式

糖棕於1898年引進台灣，栽培於台北植物園與恆春熱帶植物園。它是一種多用途的植物，花序梗的汁液可以製椰糖、釀酒。果實內的白色果肉稱爲「白玉丹」，口感滑嫩似果凍。剛發芽的幼苗、頂芽還有花序都可以做菜食用。樹皮纖維可以做繩索，樹幹可以蓋房子。葉子過去在印度及印尼都有類似紙張的用途，被用來抄寫佛經，稱爲「貝葉經」[23]。

東南亞超市都會販售白玉丹罐頭

白玉丹罐頭通常都已經切片

23 除了糖棕，貝葉棕（*Corypha umbraculifera*）的葉子也用來抄寫貝葉經

no.12

波羅蜜

名稱 波羅蜜、波蘿蜜、Jackfruit（英文）
學名 *Artocarpus heterophyllus* Lam.
科名 桑科（Moraceae）
原產地 印度西高止
生育地 常綠及半落葉雨林
海拔高 0 ～ 1200m

● 植物形態與生態

麵包樹屬喬木，可達30公尺，一般約在20公尺左右，樹幹通直。單葉，互生，全緣。單性花，雌雄同株，幹生花。聚合果可食。幼苗耐陰，而且常會出現如麵包樹（*Artocarpus altilis*）葉般的裂葉。

上：結實累累的波羅蜜
下：波羅蜜葉子光滑無毛

東協廣場春夏秋三季幾乎都會販售現剝的波羅蜜果肉

● 食用方式

波羅蜜栽培的歷史十分悠久。梵文पनस，轉寫成Panasa，大約是隨唐佛教盛行之際傳入中國，最初被直接音譯爲「婆那娑樹」，宋代才改稱「波羅蜜」。台灣栽培年代也十分久遠，可能是荷蘭人所引進。雖是熱帶果樹，但是有一定耐寒力，台灣由北到南皆普遍栽植。果實十分巨大，果肉可生食或入菜，種子亦可炒食或煮食。不過也正因果實巨大，加上果皮富含黏液，處理不便，它在台灣市場上逐漸消失。直到1990年代末期，新住民跟移工經濟興起，它才又變成了受歡迎的果樹。每年春末至秋初，台中的東協廣場及各地市場可以見到剝好裝盒的波羅蜜果實出售。近年來還有另外兩種相似的水果榴槤蜜與孟尖，要注意不要搞混。

no.13
榴槤蜜

名稱 榴槤蜜、Cempedak（馬來文）
學名 *Artocarpus integer* (Thunb.) Merr.
科名 桑科（Moraceae）
原產地 馬來半島、印尼、新幾內亞
生育地 次生林或低地原始熱帶雨林
海拔高 500m以下

●植物形態與生態

麵包樹屬喬木，高可達33公尺。單葉，互生，先端尾狀尖，葉子及嫩枝密被粗毛。幼樹葉先端常裂成三出狀。單性花，雌雄同株，幹生。聚合果可食。果肉黃色至橙色。榴槤蜜形態跟同屬的波羅蜜很像，不論是植株或是果實，所以又有人稱之為「小波羅蜜」。榴槤蜜全株被粗毛，葉面無光澤，果皮平滑，果實小；而波羅蜜光滑無毛，葉面有光澤，果皮有尖凸，果實巨大，可藉此區分二者。

上：榴槤蜜通常要嫁接在波羅蜜上
下：榴槤蜜全株毛絨絨

榴槤蜜的果肉

●食用方式

榴槤蜜是東南亞知名果樹，有水果王子的美名。果肉有類似榴槤的香氣與口感，故台灣取名為「榴槤蜜」。不過，榴槤蜜非常怕冷，在台灣通常嫁接在波羅蜜上，而且要中南部才能存活。特別強調，它是麵包樹屬的一個獨立的物種，不是榴槤嫁接波羅蜜或是波羅蜜嫁接在榴槤上。榴槤是錦葵科，波羅蜜是桑科，不同的科是絕對不可能嫁接成功的。

台灣於1993年引進榴槤蜜。由於果實大小適中、容易剝且較不黏手、甜度高等優點，是南部十分受歡迎的新興水果。不過，中部以北，除了東南亞市集外，一般市場上還是不容易看到。果實價格比波羅蜜貴得多。

no.14

孟尖

名稱	孟尖、Cheena（英文）
學名	*Artocarpus heterophyllus × integer*
科名	桑科（Moraceae）
原產地	雜交種
生育地	人工培育
海拔高	低海拔

●植物形態與生態

麵包樹屬喬木，高可達30公尺。單葉，互生，先端尾狀尖，葉子及嫩枝被粗毛或接近無毛。幼樹葉先端常裂成三出狀。單性花，雌雄同株，幹生。聚合果可食。果肉黃色至橙色。

孟尖的種子也可以食用

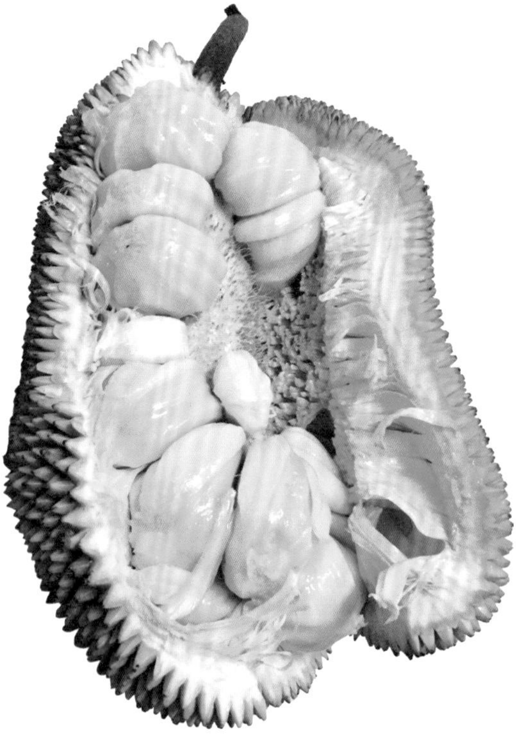

左：孟尖也容易剝開，但因為是雜交種，果肉內常常沒有種子

右：孟尖果肉可以整串拉起，跟榴槤蜜一樣

●食用方式

食用方式同榴槤蜜，請參考no.13 榴槤蜜。

孟尖是波羅蜜跟榴槤蜜的雜交種，植物形態介於榴槤蜜跟波羅蜜之間，不過果實往往比榴槤蜜還小，形狀不規則，果皮跟波羅蜜一樣較粗糙，且跟波羅蜜一樣有黏液，但是可以跟榴槤蜜一樣輕易剝開。因爲是雜交種，所以種子常常發育不完全，果肉較少。價格比波羅蜜跟榴槤蜜還便宜。

no.15

紅毛丹

名稱 紅毛丹、韶子、毛荔枝

學名 *Nephelium lappaceum* L.

科名 無患子科（Sapindaceae）

原產地 泰國、馬來西亞、蘇門答臘、爪哇、婆羅洲

生育地 熱帶低地潮濕森林

海拔高 0 ～ 500m

● 植物形態與生態

常綠喬木，高可達30公尺餘，是低地熱帶雨林樹冠層的樹種。一回羽狀複葉，嫩葉紅色。小羽片4到8片，互生，全緣。單性花，雌雄同株或異株。圓錐花序，頂生或腋生。核果，橢圓形或卵形。外果皮有肉質軟刺。內果皮白色半透明，似荔枝。內含種子一枚。外果皮紅色、粉紅色，或黃色，肉質刺基部紅色，末端帶點綠色。另外有兩品種，果皮及肉質刺皆為黃色的黃毛丹，以及果皮紅色而肉質刺綠色的綠毛丹。

左：紅毛丹的花
右：紅毛丹的小苗

左：東南亞超市販售的紅毛丹包鳳梨罐頭；右：新鮮的紅毛丹通常於七、八月上市

● 食用方式

紅毛丹約於1912年引進台灣，植株形態跟果實風味皆類似荔枝，對國人而言應該不陌生。只是甜度未若荔枝，果肉又容易黏在種子上，所以栽培不普遍，市場上也十分罕見。大約2000年後，南部地區栽培面積增加，各地東南亞市集愈來愈常見，價格甚至比玉荷包荔枝還高，一斤大約要150至250元。

no.16

打拋葉

名稱 聖羅勒、打拋葉、**กะเพรา**（泰文）
學名 *Ocimum tenuiflorum* L.
科名 唇形科（Lamiaceae）
原產地 印度
生育地 不詳
海拔高 低海拔

●植物形態與生態

直立草本或亞灌木、幼枝被細毛。單葉，對生，鋸齒緣。花細小，輪繖花序頂生。堅果細小。適合栽培在熱帶、土壤潮濕的環境。

打拋葉小苗

開花結果的打拋

●食用方式

泰式料理中有一道名菜打拋豬肉，但是打拋這種香料植物在台灣卻不如這道料理著名，打拋二字反而常被誤以爲是料理方式或是絞肉。其實打拋指的是聖羅勒，它的泰文是**กะเพรา**，英文轉寫成kaphrao。早期直接音譯做「打拋」。但是台灣過去沒有引進聖羅勒，泰式料理業者只好以九層塔代替。目前台灣栽培愈來愈普遍，東協廣場也能夠買到新鮮的打拋葉。使用方式與九層塔類似，但是味道仍然不同。除了炒豬絞肉，也可以炒牛肉、雞肉、皮蛋等，都十分對味。台中東協廣場三樓便可以買到以眞正打拋葉下去拌炒的料理。

第一廣場已經愈來愈常見新鮮的打拋葉

no.17

蝶豆

名稱	蝶豆、藍花豆
學名	*Clitoria ternatea* L.
科名	豆科（Fabaceae or Leguminosae）
原產地	可能是泰國、馬來西亞、印尼一帶
生育地	疏林、灌叢、河岸、受干擾處
海拔高	0 ～ 1600m

●植物形態與生態

藤本，全株微被毛。一回羽狀複葉，互生，小葉全緣。蝶形花藍紫色或白色，莢果。

右：田間栽種的蝶豆花
左：市售乾燥的蝶豆花

蝶豆花泡茶成淡藍色，十分美麗（攝影／謝采芳）

●食用方式

除了泰國南部跟馬來西亞用蝶豆花來做藍花飯，緬甸跟泰國料理中也有炸蝶豆花。近年台灣流行將蝶豆花做成藍色飲料，最早應該是從泰國開始，還可以利用檸檬汁降低酸鹼值將藍色變成粉紅色。台灣其實早在1920年代就引進蝶豆花做爲觀賞植物、綠肥或飼料。野外甚至有歸化的情況。只是到了2015年蝶豆花做成的藍色飲料突然大流行，大家才普遍認識這種植物。市場上也出現了乾燥的蝶豆花用來泡茶。

CHAPTER 6

果敢掀開 緬甸的面紗

在台灣，緬甸料理常跟雲南、泰式料理混為一談，

緬甸菜主要受泰式、中式與印度料理影響，

再融合了幾個少數民族的飲食特色，

特別講究油、辣、香、鮮、酸、鹹。

Myanmar

猶記得大學時我曾有位同學是緬甸僑生，當時據說是因爲政治問題，而遲了一年報到，從我們的同學變成了我的直屬學弟妹。那時候對緬甸的所有認知都來自他的描述，印象最深的大概是他來台灣念書一年的學費，可以讓他在緬甸念十年。

二〇一〇年緬甸開放後，陸續有新的植物——如緬甸蝴蝶蘭[1]——被發表，一些從未面世的美麗薑科植物也被帶到泰國的花卉市場。中南半島最後的植物祕境逐漸褪去面紗，也吸引了我對緬甸植物的關注。二〇一七年八月，緬甸羅興亞人的問題再度浮上檯面，全世界都在關注翁山蘇姬的態度。基於好奇，我也開始重新認識緬甸，才赫然發現，原來台灣跟緬甸曾有那麼多歷史糾葛。

緬甸的歷史相較於前述其他中南半島的國家，單純許多，沒有那麼多分分合合。大約在西元前兩百年，驃族人便在伊洛瓦底江的上游地區建立驃國，控制中國與印度之間的商路。此外，若開族也在西元八世紀於現在緬甸西南方的若開邦一帶建立阿拉甘王國[2]。孟族也曾在西元九世紀建立直通王國[3]，統治現今下緬甸。緬族於八四九年建立第一個王國蒲甘王朝[4]，一開始只占領緬甸中部。十一世紀蒲甘王朝開始向外擴張，統一了現在緬甸的大部分地區，將上座部佛教立爲國教，並參考孟族和驃族的文字建立自己的文字。

十三世紀末，緬甸蒲甘王朝爲元朝忽必烈所滅。而後，緬甸進入戰國時期，先後分裂並建立成若干個政權，其中比較強大的如孟族建立的勃固王朝[5]，以及撣族建立的阿瓦王朝[6]。兩國南北相爭百餘年，直到一五三一年，緬族建立的東吁王朝[7]再度統一緬甸，並向外擴張。

一七五三年，緬甸歷史上最後一個王朝貢榜王朝[8]取代了東吁王朝，自詡爲「世界的統治者」，開始四處用兵。不但滅掉暹羅的阿瑜陀耶王國，甚至與滿清發生數次戰爭。還趁印度

1 拉丁文學名：*Phalaenopsis natmataungensis*
2 英文：Kingdom of Arakan
3 英文：Thaton Kingdom
4 英文：Pagan Dynasty，緬甸文：ပုဂံခေတ်
5 英文：Hanthawaddy Kingdom
6 英文：Kingdom of Ava
7 英文：Taungoo Dynasty，緬甸文：တောင်ငူခေတ်，也有翻譯爲東固王朝，但東吁較接近發音
8 英文：Konbaung Dynasty，緬甸文：ကုန်းဘောင်ခေတ်

被納爲英國殖民地，多次出兵印度東部，企圖併呑其藩屬，成爲英國出兵緬甸的導火線。一八二四至一八二六年，英緬雙方爲了印度東北部的控制權首次開火。緬甸戰敗，被要求巨額賠款一百萬英鎊。這場戰爭是緬甸喪失獨立性的開始，懼怕英國武力的緬甸開始在兩國關係中處於下風。一八五二年，英國刻意製造衝突，征服下緬甸。一八八五年，第三次英緬戰爭，首都阿瓦遭攻破，貢榜王朝滅亡，緬甸全境皆成爲英國殖民地。

在緬甸，緬族以外的少數民族占總人口三分之一，包含人數較多的撣族、克倫族、若開族、孟族、克欽族、克耶族，以及其他原住民，共一百三十五個民族。另外還有一直沒有被緬甸政府承認爲法定少數民族的華人、印度人和孟加拉移民，以及未納入人口統計的羅興亞人，共同構成這個國家。一九四八年脫離英國殖民，成立緬甸聯邦共和國以來，多個少數民族便一直與緬族成立的中央政府對抗。緬甸的撣族與中國的傣族、泰國的泰族、寮國佬族都是屬於泰佬民族，而克欽族則是中國所稱的「景頗族」。此外，來自雲南的回族，緬甸則稱爲「潘泰人」。

華人大約從漢代開始，經由緬甸到印度或中亞一帶貿易。至宋代，緬甸跟中國有了更多接觸。根據《諸蕃志》記載，蒲甘王朝於眞宗景德元年[9]，與三佛齊[10]及大食國[11]一同出使北宋。這時期，四川、雲南一帶的華人由陸路而至，從大理國[12]至緬甸做生意。元朝以後，航海技術發達，福建、兩廣的華人開始從海路到緬甸，特別是明代鄭和下西洋後達到一波高峰。這些古代到緬甸經商的華人，主要聚集在上緬甸克欽邦的八莫[13]——伊洛瓦底江沿岸的都市，也是中印公路上的大城。還有曼德勒省的阿瓦[14]——也就是華人所稱的「瓦城」。

明朝末年，永曆皇帝帶著一批舊臣遺老遷都雲南，後來被吳三桂趕到緬甸跟雲南交界處。

9 西元1004年

10 發源於蘇門答臘的古國，詳細請參考第94頁註解9

11 中國唐宋時期對阿拉伯帝國的稱呼

12 西元十至十三世紀的古國，疆域大概是現在的中國雲南省、貴州省與四川省西南部，印度與緬甸東北部，以及寮國與越南北部的一小部分

13 英文：Bhamo，緬甸文：ဗန်းမော်မြို့

14 英文：Ava，緬甸文：အင်းဝမြို့

這些人陰錯陽差成爲今日緬甸法律上承認的少數民族——果敢族。清朝末年，英國殖民緬甸時期，大量招徠華南地區因戰亂而不易謀生的漢人來協助開發緬甸，這時期進入緬甸的華人主要居住在下緬甸，也就是舊首都仰光。近代的二次大戰、中國文化大革命等事件，也使緬甸再次出現大批中國移民。根據緬甸內部統計，緬甸的華人約有百分之三，但必須世居緬甸三代以上才能取得緬甸身分證，因此在緬甸的華人，實際上可能遠多於這個比率。

緬甸的果敢地區[15]百分之九十五都是華人，東漢以後多半屬於中國領土——偶爾也會被緬甸占領。一八四〇年清廷冊封楊國華爲世襲果敢縣土司。英國吞併緬甸貢榜王朝之後，於一八九七年（清光緒二十三年）與清廷簽訂《中英續議緬甸條約》，界定中緬兩國邊境傳統上沒有穩定歸屬的土司。英國用薩爾溫江以東九鄉之地——俗稱爲「科干」，跟中國交換了果敢，果敢地區併入英屬緬甸，而後成爲罌粟花的重要產地。

一九四二年日本入侵緬甸，打算從這裡進攻中國雲南。當時緬甸社會精英多追隨日本對抗英國殖民者，果敢土司楊文炳則與蔣中正聯手抗日——這邊還牽扯到孫立人將軍參與的兩次中緬印戰爭，在此就不贅述了。一九四六年楊文炳次子楊振財世襲成爲土司，並於一九四七年代表果敢出席緬甸立國的彬龍會議[16]，於彬龍協議簽字，加入緬甸聯邦，成爲緬甸境內的「少數民族」。

一九四九年異域孤軍從雲南撤退，原本打算穿過中南半島北邊叢林，由泰國來台，然計劃失敗，故順勢占領了泰緬金三角地區，一九五一年在緬甸猛撒[17]建立機場，開辦雲南省反共抗俄大學——果敢王彭家聲就是首批學員。果敢地區暫時成爲中華民國的虛擬領土。

15 泰緬金三角的一部分

16 英文：Panglong Conference，也譯爲班弄會議

17 英文：Mong Hsat，緬甸文：မိုင်းဆတ်မြို့，緬甸撣邦東部城鎮

一九六〇年中緬兩國簽訂了《中緬邊界條約》，中國共產黨爲了拉攏緬甸，同時斷絕泰緬金三角地區的國民黨殘軍後路，果敢再次被劃入緬甸。一九六三年緬甸吳尼溫[18]政權逮捕楊振財，土司家族起兵反抗。一九六九年，在中華人民共和國支持下，彭家聲率領緬共軍隊占領果敢。一九八三年，緬甸政府爲去除果敢地區的「漢族」，在法律上將果敢居民認定爲「果敢族」，而當地所使用帶有中國雲南、四川、貴州等地方口音的漢語普通話則改稱爲「果敢語」，書寫的漢字稱之爲「果敢字」。一九八九年，彭家聲脫離緬共，與政府軍達成協議，果敢成爲自治的特區。

一九九二年果敢發生政變，楊茂良短暫奪取政權。一九九五年彭家聲又重掌果敢政權。二〇〇九年果敢跟緬甸聯邦政府發生衝突，史稱「八八事件」。二〇一四年，果敢與克欽、德昂、若開、北撣邦結盟，共同抵抗緬軍。二〇一五年，高齡八十四歲的果敢王彭家聲仍率領軍隊跟緬甸軍政府打得你死我活。

緬甸的歷史對台灣而言較爲陌生，知道果敢的人也不多。但是這類國界造成相同民族被劃定在不同國家的故事，似乎與泰國依善和寮國之間關係雷同，卻更複雜。從果敢的簡歷，似乎也可以窺見緬甸這個多民族國家在近代發展的過程與困境。果敢與周邊地區，因爲地形崎嶇，造就了民族的多樣性。千百年以來，不論是被納入中國境內，還是做爲緬甸領土，都不是中央政府所能直接管控。

從緬甸的歷史來看，撣族、若開族、孟族都曾在緬甸的國土上建立自己的王朝。邊境的土司，也一直保有相當程度的自治權。這些少數民族與緬族雖然彼此對抗，卻也成爲緬甸文化

18 又稱奈溫，中緬混血。尼溫緬甸文：နေဝင်း，轉寫：Ne Win，中文常稱吳尼溫，吳是緬甸對男子的稱呼，類似先生的意思

的一部分。而鄰近的印度、中國、泰國、寮國，甚至近代英國的殖民，多少也影響了緬甸的飲食習慣。

在台灣，緬甸料理常跟雲南、泰式料理混爲一談，許多餐廳也都標榜滇緬料理或泰緬料理，甚至泰式料理餐廳卻以緬甸的地名曼德勒或瓦城爲名。這些或多或少跟緬甸有許多雲南移民，或是緬甸撣邦與泰國蘭納菜相互影響的結果。一般印象認爲緬甸菜跟泰國菜十分類似，但是較油、較鹹，酸度及辣度也較高，特別喜歡油炸的料理方式。其實緬甸菜主要受三大菜系影響，除了泰式料理，緬甸菜中也可以看到中式與印度料理的影子，再融合了幾個少數民族的飲食特色。緬甸菜特別講究油、辣、香、鮮、酸、鹹；烹調方法多以炸、烤、炒、涼拌爲主。酸和辣就是受泰國菜的影響，油和鮮受中式菜系影響，而受印度的影響主要就是咖哩。

緬甸文化發源於伊洛瓦底江三角洲，是魚米之鄉。主食是稻米，以魚、蝦爲原料的食品種類相當多。另外，緬甸菜大量使用豆腐、麵條，以及炒菜的技術，是受中國影響。而炸昆蟲的飲食習慣，是從寮國傳來。食用米線則是撣族的飲食文化，跟雲南擺夷料理同源。至於英國殖民留給緬甸的則是喝早茶的傳統。緬甸咖哩介於印度與東南亞之間，是深褐色，而且不濃稠，混合了鹹、香、辣的口感。不過，所謂的「咖哩」其實是一種綜合香料，音譯自英語curry，一般認爲這個字是源於印度南部的泰米爾語கறி，轉寫爲kari，據說原本的意思是「醬汁」。咖哩粉中通常包含薑黃、薑、孜然、芫荽子、丁香、綠豆蔻、肉桂、胡椒等數種，甚至數十種香料。有時咖哩也可以單指特定的一種香料植物可因氏月橘，它是南印度咖哩香料中香氣的重要來源。而新鮮的咖哩葉在緬甸料理中也常被使用。有趣的是，咖哩葉並非咖哩中的必要香料，許多地方的咖哩中通常都沒有加咖哩葉，就像叻沙湯裡常常都沒有叻沙葉一樣。

可因氏月橘小苗

緬甸料理中，魚湯麵[19]可以說是國民小吃，準備的佐料及香料超過二十種，除了魚和麵，還包含豆粉、魚醬、洋蔥、蒜、薑、薑黃、香茅、胡椒、辣椒、芭蕉的假莖等共同熬煮而成，配料則有油條、水煮蛋之類，味道鮮美。另一道代表料理——茶葉沙拉，是用乾炒或炸過的芝麻、蒜片、黃豆、扁豆、蠶豆或花生，涼拌高麗菜、番茄、木耳或青椒，並以保留茶葉苦澀及香氣的醃茶葉醬、花生油、魚露及檸檬汁爲沙拉的醬料，是開胃菜，也是小吃。緬甸人還會直接拌飯食用。

魚湯麵是緬甸的國民小吃

緬甸的代表料理茶葉沙拉

19 英文：Mohinga，緬甸文：မုန့်ဟင်းခါး

no.18
咖哩葉

名稱 可因氏月橘、咖哩樹
學名 *Murraya koenigii* (L.) Spreng.
科名 芸香科（Rutaceae）
原產地 印度、斯里蘭卡、中國雲南、海南、緬甸、泰國、寮國、越南
生育地 潮濕森林至乾燥森林
海拔高 0 ～ 1600m

●植物形態與生態

灌木或小喬木，高可達5公尺。嫩枝被短毛。一回羽狀複葉，小葉全緣或淺鋸齒緣。花白色，聚繖花序頂生。果實長橢圓形，成熟時藍黑色。

上：開花中的咖哩葉
下：台灣的印尼小吃店會栽種咖哩葉，煮叻沙等料理時常添加

●食用方式

成熟果實可食用，葉子可供藥用，是印度及緬甸等地常使用的香料。台灣可能是近幾十年才引進，花市有販售小苗。中和華新街與桃園忠貞市場都可以買到新鮮的咖哩葉。

上：華新街販售的乾燥咖哩葉
下：華新街販售的新鮮咖哩葉

CHAPTER 7

馬來西亞．新加坡．汶萊

麻六甲與
娘惹的滋味

除了文物與建築，

馬來西亞多元的人口與文化也反映在美食上。

華人與印度人在飲食文化中扮演重要角色。

周邊的泰國、蘇門答臘、爪哇的飲食習慣，

也跟馬來西亞相互影響。

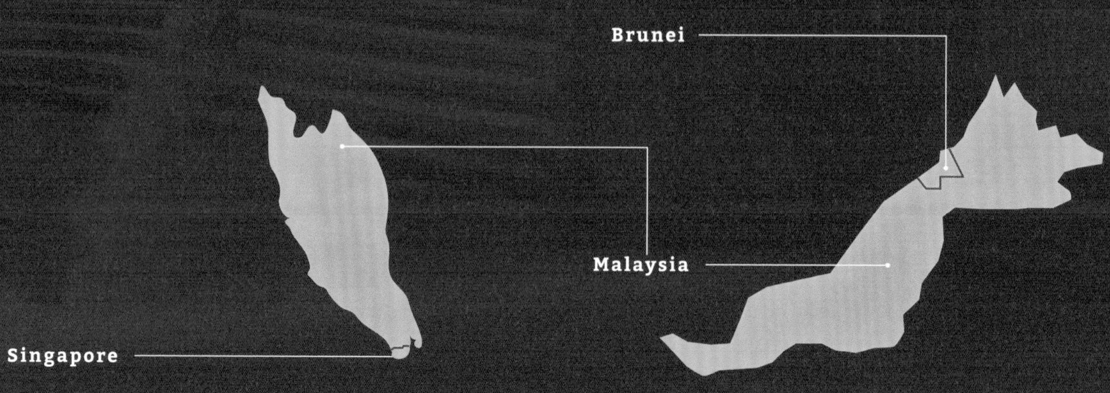

馬來西亞控制海上絲路麻六甲海峽中段的重要古城麻六甲，名稱由來竟是因爲佛經有記載的麻六甲樹，果實十分美味，而且還跟新加坡有關。這到底是怎麼一回事呢？

馬來西亞聯邦的十三州當中，有九個位於馬來半島上的州，不論是英國殖民時期，還是今日君主立憲制的馬來西亞聯邦，都一直維持著蘇丹國的體制。這些小蘇丹國是在統一馬來半島長達一百多年的麻六甲蘇丹國覆滅之後才獨立或建立。而麻六甲蘇丹國的開國君主拜里米蘇拉[1]，正是古國新加坡拉的最後一位國王。

傳說中，新加坡拉王國是首位國王桑·尼拉·烏他馬[2]於一二九九年建立。他在建國前於淡馬錫[3]打獵時意外看到了獅子，認爲這是幸運的象徵，因此決定以獅子城爲國名[4]。十四世紀，新加坡拉經濟蓬勃發展，驚動了北方暹羅與南方滿者伯夷兩大國，因而遭兩國進犯。後來在一次戰爭中，新加坡拉王國被滿者伯夷所滅。亡國後，最後一任國王拜里米蘇拉向北方遷移，最後在一株麻六甲樹下休息時，看到一隻小鹿被獵狗逼到絕境，爲了自保竟將狗踢進河裡。拜里米蘇拉將此視爲一個好兆頭，便決定在當地建立王國，並以麻六甲樹爲國名。

麻六甲樹的名稱是直接音譯馬來文melaka，而馬來文則是來自梵文आमलक，轉寫爲amalaka。中文的佛經通常音譯成菴摩羅、菴摩勒等名稱，指的其實就是我們熟悉的油柑。現今麻六甲市到處都有栽培麻六甲樹，目的就是爲了讓大家知道這個故事。以植物做爲地名或國名，一點也不奇怪，就像台灣常以茄苳[5]爲地名一樣。馬來半島原本就爲大面積的熱帶雨林所覆蓋，是植物多樣性

麻六甲樹的果實

1 馬來文：Parameswara，來自梵文परमेश्वर，意思是至高無上的君主

2 馬來文：Sang Nila Utama

3 新加坡於13、14世紀的舊稱，音譯自爪哇文Temasek，意思是海城

4 新加坡拉音譯自馬來語Singapura，馬來語中的singa意思是獅子，由梵語सहि（轉寫成simha）演化而來。pura來自梵文पुर，意思則是城市

5 茄苳是台灣很常見的大喬木，新北市汐止區、南投縣南投市與埔里鎮、雲林縣大埤鄉、嘉義縣太保市、台南市新營區都有茄苳腳這個地名。屏東縣佳冬鄉舊稱也是茄苳腳，彰化縣花壇鄉舊稱茄苳腳，因爲茄苳的台語發音與花壇的日語發音相似，1920年更名爲「花壇」

極高的地方。植物除了做爲地名，也常用以替其他事物命名。例如二〇一六年侵台的莫蘭蒂颱風，便是馬來西亞所命名，意思是柳桉樹[6]。

除了植物種類豐富，馬來半島也一直是個富庶的地區，古印度稱之爲「黃金半島」，自古以來便有非常多的小王國在此建立。約西元一世紀，馬來半島東岸建立的狼牙脩[7]可以算是第一個。而後陸續出現三十多個小王國，包含在新加坡島上的蒲羅中[8]。當時印度文化對東南亞影響極大，除了跟華人一樣到東南亞做生意，印度人也將印度教文化傳到了東南亞。

西元七世紀左右，馬來半島與現今印尼大部分島嶼，被蘇門答臘島上興起的三佛齊[9]納入勢力範圍。十三世紀末，爪哇島上興起的滿者伯夷又漸漸取代了三佛齊，成爲島嶼東南亞[10]最強大的國家。滿者伯夷建立大約一百年後，一四〇二年出現了第一個統一馬來半島並改信伊斯蘭教的國家麻六甲蘇丹王朝[11]——就是馬歡《瀛涯勝覽》中那個產沙孤與茭葦的「滿剌加國」。黃金時期，麻六甲蘇丹國勢力範圍涵蓋了馬來半島南方——北達泰國南部北大年，還有蘇門答臘西部。

不過，麻六甲蘇丹王朝的開國君主拜里米蘇拉的身分與立國過程有許多傳說。葡萄牙說他是來自巨港的三佛齊王子，逃到淡馬錫後篡位爲王。馬來西亞的古書則說他是新加坡拉開國國王的後代子孫。也有一派說法認爲，來自巨港的三佛齊王子是指新加坡拉開國國王，也就是拜里米蘇拉的曾祖父，是葡萄牙人把他們兩人搞混了。但無論如何，他都是新加坡拉的最後一任國王。

當初爲了尋找新航路而繞過非洲來到遠東的葡萄牙，雖然搶得先機，但畢竟只是小國，在

6 馬來文：Meranti。可參考《看不見的雨林——福爾摩沙雨林植物誌》，書中第十一章〈佛教三聖樹與莫蘭蒂颱風〉有詳細說明

7 可參考第71頁與72頁，北大年蘇丹國歷史

8 《吳時外國傳》稱蒲羅中，近代學者考證是音譯自馬來語Pulau Ujong，意思是半島盡頭的島嶼

9 中國古書中又稱已利鼻國或室利佛逝，音譯自梵文：श्रीविजय，轉寫成Sri Vijaya。建國年代不詳。鼎盛時期勢力範圍包括了今日馬來半島和印尼大部分島嶼

10 島嶼東南亞又稱「海洋東南亞」、「馬來群島」，是除了中南半島以外，散布在印度洋與太平洋之間的數萬個島嶼，分屬於馬來西亞、新加坡、印尼、汶萊、東帝汶和菲律賓等六個國家

11 馬來文：Kesultanan Melayu Melaka

亞洲只建立貿易據點。於一五一一年占據麻六甲後，陸續入侵了印尼摩鹿加與帝汶島，並於一五五七年在澳門建立與中國貿易的據點。

一六〇二年荷蘭東印度公司成立，開始逐步擴張在亞洲的勢力範圍。先是一六一三年控制帝汶島西部，又在一六一九年於爪哇西部[12]建立巴達維亞[13]做為在印尼貿易的據點。一六二四年占領台灣，做爲東亞的貿易據點。一六四一年，荷蘭從葡萄牙手上奪取了麻六甲，並開始不斷擴張在印尼的勢力範圍，終於在一九一五年建立了與現在印尼領土幾乎一樣大的殖民帝國。

緊接而來的是英國。英國在印尼的香料之爭中敗給了荷蘭，轉而選擇鞏固在印度的統治權，並於一七五七年先趕走了法國，保住印度。不過很快地，英國在一七六〇年代對美洲殖民地一連串的課稅行爲成爲美國獨立的原因。一七七五至一七八三年的美國獨立戰爭，讓英國無暇繼續擴張。美國獨立後，英國爲確保到中國的貿易航線，於一七八六、一七九五、一八一九三個年度，先後占據了馬來西亞北部的濱城、中部的麻六甲，以及最南端的新加坡，並在一八二六年——第一次英緬戰爭結束後——建立海峽殖民地。

一八四二年，中英鴉片戰爭後取得香港。完全占領緬甸後三年，一八八八年英國殖民婆羅洲北部沙巴、沙勞越、汶萊。又因爲知道馬來半島蘊含全世界最豐富的錫礦，於一八九六年完全占領馬來半島，英屬馬來亞於焉完成。接著，英國迎來工業革命後史上最強大的維多利亞時代[14]，殖民地橫跨二十二個時區，是不折不扣的日不落帝國。

二戰時馬來西亞同樣曾被日本占領，戰後走向獨立之路。先是一九五七年馬來亞聯合邦獨立[15]，而後於一九六三年與沙巴、沙勞越、新加坡合組馬來西亞聯邦[16]。雖然當時印尼曾覬覦

12 即現今的雅加達
13 荷蘭文：Batavia
14 英文：Victorian era，1837至1901年
15 馬來文：Persekutuan Tanah Melayu；英文：Federation of Malaya
16 馬來文：Malaysia；英文：Malaysia

沙巴、沙勞越，總統蘇卡諾一度提出反對，但是最後沙巴、沙勞越仍舊順利與馬來亞聯合邦組成了今日的大馬[17]。後來因爲政治因素，一九六五年新加坡州退出馬來西亞聯邦獨立建國。而另一處英國殖民地汶萊——舊稱「婆羅乃」，則遲至一九八四年才獨立成汶萊達魯薩蘭國[18]，簡稱「汶萊」。

三個西方國家影響了馬來西亞的歷史，而最後的殖民國英國，也影響了近代三個國家的獨立與發展。英國除了開採錫礦，也在馬來半島大面積栽種巴西橡膠樹。這些物產至今仍影響馬來西亞的經濟。

而到處栽種麻六甲樹的麻六甲市，除了掌控麻六甲海峽的重要地理位置外，也是一座充滿歷史的古城，百年建築處處可見。如葡萄牙時期留下來的聖保羅教堂[19]、荷蘭時期興建的紅屋廣場[20]與基督堂[21]、英國殖民時期建立的維多利亞女王噴水池[22]。當然鄭和文化館中也收藏了一些中國古代與麻六甲王朝往來時所留下的文物。而當時來到馬來半島的華人，也留下了許多中式風格的建築與墳墓。這麼豐富的歷史與古建築，讓麻六甲市於二〇〇八年被登錄爲世界文化遺產。

除了文物與建築外，馬來西亞多元的人口與文化也反映在美食上。除了馬來人外，跟其他東南亞國家類似的是，華人與印度人也在馬來西亞的飲食文化中扮演重要角色。想當然耳，周邊的泰國、蘇門答臘、爪哇的飲食習慣，也跟馬來西亞相互影響。例如我們熟悉的肉骨茶、海南雞飯、星洲炒米就是受到華人文化的影響。而嬤嬤檔[23]販售的印度煎餅、拉茶，顧名思義是從印度飄洋過海而來。所謂嬤嬤檔，是馬來西亞的泰米爾裔穆斯林所經營的路邊攤小吃店。

17 馬來西亞常簡稱爲「大馬」

18 馬來文：Negara Brunei Darussalam；英文：Nation of Brunei, the Abode of Peace。又稱爲汶萊和平之國

19 英文：St. Paul's Church，建於1521年，現爲麻六甲博物館的一部分

20 英文：Stadthuys，於1641-1660年間興建，被視爲東方最古老的荷蘭建築

21 英文：Christ Church，於1753年落成

22 英文：Queen Victoria Memorial，於1905年落成

23 馬來文：Gerai Mamak。古代從南印度遷徙到馬來西亞等東南亞地區的泰米爾人，在新馬一帶被稱爲嬤嬤，這個詞起源自泰米爾語的「叔叔」。新馬文化中，小朋友習慣稱呼陌生的成年人爲「叔叔」和「阿姨」，是對長輩的尊重

馬來西亞最具特色，也最爲大家熟悉的料理——椰漿飯[24]，是將米浸泡在椰漿裡面一段時間再煮。有時候還會加入斑蘭、香茅等植物的葉子增加香氣。

叻沙[25]則是星馬地區著名的麵食，匯聚了各種香料、肉類、蔬菜。隨著時間的傳播，叻沙在馬來西亞各族群中有了不同的變化。以湯頭、配料的不同，主要可再概分四大類：咖哩叻沙顧名思義是加入咖哩香料；亞參叻沙是又酸又辣的魚湯；東海岸叻沙湯因爲加入較多的椰奶而呈乳白色；砂拉越叻沙則是因爲加入較多蝦醬而使湯頭變紅色。

馬來西亞料理中常聽到的亞參，是音譯自馬來文asam，這個字本身的意思就是酸。而酸味的來源asam jawa就是俗稱酸豆的羅望子，也就是《眞臘風土記》中的咸平樹。另外，娘惹糕、黃梨餅是星馬地區特色小點。鳳梨剛傳到中國與台灣時稱爲黃梨，在星馬地區還保留這樣的稱呼[26]。除了名稱不同外，黃梨餅與鳳梨酥的外觀及外皮製作方式也不同。利用不同植物將糕點染得五彩繽紛，並混合各種香料而成的香味，是娘惹糕的最大特色。

麻六甲是娘惹文化的發源地，而娘惹文化簡單來說就是華人與馬來人文化的融合。在十五世紀鄭和下西洋後，華人陸續來到麻六甲，最後遍布馬來半島、新加坡、汶萊等東南亞國家，移民主要來自福建及廣東兩省。因爲閩南族群稱父親爲阿爸、母親爲阿娘，久而久之，他們就被馬來西亞原住民稱爲「峇峇娘惹」[27]——峇峇是指男性，女性則被稱爲娘惹。這些華人說著混合大量馬來語的華語，自稱土生華人[28]，與十九世紀後期因動亂而離開中國到東南亞謀生、仍舊會說華語的新客華人區分。

不少峇峇娘惹跟馬來人聯姻，文化上有一定程度受到馬來人或其他非華裔族群的影響。舊時代的娘惹多半是大家閨秀，大門不出、二門不邁，爲了消磨時間，漸漸發展出中國華南地

24 馬來文：Nasi Lemak
25 馬來文：Laksa
26 關於鳳梨名稱的由來，可參考《看不見的雨林——福爾摩沙雨林植物誌》，書中第十六章當中〈梅杜莎與鳳梨酥〉一文有詳細說明
27 馬來文：Baba Nyonya
28 馬來文：Peranakan

區的做菜手法，用華人喜歡的食材，例如雞、豬，搭配大量東南亞香料而做成娘惹菜。特色是手法細膩繁瑣，口味偏酸甜。

新加坡開國總理李光耀及現任總理李顯龍父子最喜愛的一道料理「百加雞」，可算是娘惹菜的代表。它的料理方法相當複雜，除了要用「百加」及許多傳女不傳子的祕方香料燉煮外，煮完之後還必須浸泡一整晚，隔日才可以達到最好吃的境界。這都還不算什麼，準備「百加」竟要花四十天！百加雞音譯自馬來文Ayam Buah Keluak。拆開來看，Ayam意思是雞，百（Buah）是果實，加（Keluak）是指印尼黑果。新鮮的印尼黑果含有劇毒氫氰酸，有致命的危險。做爲香料前，必須先將白色的印尼黑果種子煮過，然後用香蕉葉包起來埋入土中四十天，待種子全變成黑褐色、毒素消失後才能使用。

著名的娘惹糕，是結合了各家之長而研發的甜點，也是娘惹料理的代表。另外，泰國、馬來西亞著名的甜點摩摩喳喳，概念來自中國的八寶粥，在娘惹菜中是溫熱吃的甜湯，後來才漸漸變化成冰品。一九六〇年代後，峇峇娘惹因爲政治因素失去土著身分，在大馬的憲法上與新客華人無差異。加上其他外在因素，娘惹文化逐漸沒落。好在近年來馬國推觀光，娘惹的滋味跟麻六甲樹一樣，成爲文化古都麻六甲的風景。

五顏六色是娘惹糕的特色

印尼黑果的種子是百加雞的主要香料

星馬有名的肉骨茶

海南雞飯

馬來西亞的椰漿飯，還常會加入斑蘭等植物增加香氣

又酸又辣的魚湯為底是亞參叻沙

國人較熟悉的新加坡口味叻沙，屬於咖哩叻沙中的娘惹叻沙，加入較多椰奶，因此又稱為椰奶叻沙。若把麵條換成粗米粉則稱為加東叻沙

no.19

麻六甲樹

名稱 麻六甲樹、油柑、餘甘子、菴摩羅、菴摩勒、melaka（馬來文）

學名 *Phyllanthus emblica* L.

科名 葉下珠科（Phyllanthaceae）／大戟科（Euphorbiaceae）

原產地 印度、斯里蘭卡、不丹、尼泊爾、中國南部、緬甸、泰國、寮國、柬埔寨、馬來西亞、蘇門答臘、爪哇、婆羅洲、新幾內亞

生育地 海岸林、雨林或乾燥疏林

海拔高 800m以下

● 植物形態與生態

大喬木，高可達32公尺。單葉，互生，二列狀排列在細小的枝條上，貌似羽狀複葉。單性花，雌雄同株，花極小，生於葉腋。核果球形或扁球形。

麻六甲樹的小苗

麻六甲樹的花非常細小

油柑果實可醃製後食用

油柑種子堅硬

● 食用方式

油柑果實可食，但是味道酸澀，要醃製過才好吃。台灣大概於明清時期引進，全台普遍栽植。不過因為食用不便，愈來愈少人認識這種植物。

no.20

百加果

名稱 百加果、印尼黑果、足球果、Kepayang、Keluak（馬來文、印尼文）
學名 *Pangium edule* Reinw.
科名 大風子科（Flacourtiaceae）
原產地 馬來西亞、印尼、新幾內亞、菲律賓、西南和西北太平洋島嶼
生育地 低地至中海拔原始林或次生林、河岸林、柚木林
海拔高 0 ～ 300（1000）m

● 植物形態與生態

大喬木，樹幹通直，樹高可達60公尺，樹冠直徑達50公尺，樹幹直徑達120公分。基部具板根，高可達5公尺。單葉，互生，全緣或三裂。花綠白色，總狀花序腋生，下垂。果實褐色，形狀及大小如美式足球（橄欖球），故又稱足球果。種子偶爾會隨海流漂到台灣南部及離島海岸，但是台灣並沒有自生。

左：印尼黑果的葉子有時呈三裂
右：印尼黑果初發芽的小苗

● 食用方式

印尼黑果最早於1935年引進台灣，當時稱爲油用大風子，栽培於美濃雙溪熱帶樹木園，大概在二次大戰期間疏於照顧而死亡。大約2015年後，果樹苗商又有引進。它的種子是製作印尼黑果雞的材料。不過，印尼黑果全株含有劇毒，沒有處理過千萬不能食用。

源自印尼爪哇的拉溫牛肉湯Rawon，主要香料就是百加果

CHAPTER 8

印尼

金翅鳥盤旋的香料群島

米飯是印尼的主食，

而複雜且多層次的香料，

幾乎是印尼菜最明顯的表現。

料理特色是辣、甜、鹹、酸、苦，

料理方式包含炸、火烤、烘烤、炒、煮、蒸。

印尼的國徽是一隻金翅鳥，鳥爪所抓的白色緞帶上的文字，是十四世紀滿者伯夷的詩人所寫，一般翻譯做「存異求同」。金翅鳥是印度神話中金色的超級大鳥，名字叫做迦樓羅[1]，中文則稱祂爲金翅鳥。牠是毗濕奴[2]的坐騎。毗濕奴是印度教三相神之一，印度教中的梵天主管「創造」、濕婆掌「毀滅」，而毗濕奴是「保護」之神。毗濕奴性格溫和，對虔誠的信徒施予恩惠，且常化身成各種拯救世界危難的形象。例如電影《少年PI的奇幻漂流》當中有一幕，主角PI捕到大魚做爲自己跟老虎的食物時，就說感謝毗濕奴化身成魚來救他。金翅鳥與毗濕奴相遇後，成爲毗濕奴的坐騎，並獲得「永生不死」及「地上蛇類永遠是祂的食物」兩個恩典。

印尼的國徽是一隻金翅鳥

佛教吸收了金翅鳥成爲天龍八部，是護持佛的八個神話種族之一，也是觀世音菩薩的護法。常以半人半鳥或全鳥的形象出現。不僅印尼，泰國國徽跟蒙古首都烏蘭巴托的旗幟上也都有金翅鳥。不過，印尼是全球穆斯林人口最多的國家，超過兩億人信仰伊斯蘭教，爲什麼會以印度教與佛教神話中的動物做爲國徽呢？

在西南太平洋與印度洋之間，有兩萬五千多個大小島嶼，散布在赤道兩側。在地理學上稱爲馬來群島；在生物地理學上，屬於同一個生物區系；在語言學上同屬南島語系，是一個氣候、文化、語言上十分類似的區塊，卻因爲歷史發展等外部因素，在二次世界大戰後逐漸獨立成六個不同國家：印尼、馬來西亞、新加坡、汶萊、東帝汶、菲律賓。

1 梵文：गरुडगरुड，轉寫成garuda，意思就是老鷹

2 梵文：वषि्णु，轉寫成Visnu。毗濕奴有許多化身，如魚、龜等動物，有一說認爲釋迦牟尼佛也是毗濕奴化身。在尼泊爾，甚至國王也被當作是毗濕奴的化身。而佛教體系中的那羅延金剛也是其中一個化身。那羅延梵文：：नारायण，轉寫成narayana。祂是佛教的護法，天界的金剛力士。在佛教寺廟中常以其圖像做爲山門的守護者

印尼的歷史跟馬來西亞十分類似，今日的領土在古代也有許多印度化的小王國，並先後出現兩個強大的國家：三佛齊與十三世紀取而代之的滿者伯夷。滿者伯夷亡國後，印尼各地又分裂成許多蘇丹國。直到荷蘭東印度公司出現，陸續消滅各蘇丹國，建立強大的殖民帝國。

六四七年，即唐太宗貞觀二十一年，開始跟中國有密切往來的三佛齊，在中國古書中又稱「巴利鼻國」或「室利佛逝」，據說可能發源於蘇門答臘島的巨港。因為地理位置優越，控制麻六甲海峽的海上貿易而成為島嶼東南亞的強國，並利用強大的經濟力量發展海軍，迫使眾多藩屬國臣服。其鼎盛時期的勢力範圍包含了馬來半島及巽他群島[3]大部分地區。

八世紀興起於爪哇的夏連特王國[4]，在現今日惹市西北方興建了目前全世界最大的佛寺——婆羅浮屠。九世紀中葉，因為夏連特國王的母親是三佛齊公主而順利繼承了三佛齊的王位，兩個國家合併成更強大的國家。十世紀中葉起，由於與周邊國家的戰爭不斷，加上伊斯蘭教的傳入，一些信仰伊斯蘭教的藩屬國開始脫離，印度化的三佛齊國力逐漸走下坡。十三世紀末，印尼文化中心爪哇島上發生了一連串的叛變。短短三年國王換了三次，比宮鬥戲碼還精采。

十三世紀初，爪哇島東部的國家信訶沙里興起，並開始擴張領土。一二九〇年，信訶沙里成功將三佛齊勢力逐出爪哇。不過很可惜，才剛剛壯大的信訶沙里，國王就被叛將殺害篡位。一二九二年，原信訶沙里國王的女婿上演駙馬爺復仇記，聯合忽必烈的元軍，一舉消滅了逆謀篡位的叛將。隔年，信訶沙里駙馬爺倒戈打退元軍並統一爪哇，建立了滿者伯夷。

十四世紀，滿者伯夷攻打舊港，取代了三佛齊，成為島嶼東南亞最強大的國家。勢力範圍

3 包含蘇門答臘、爪哇、婆羅洲、蘇拉威西，以及蘇拉威西島南方的小巽他群島
4 印尼文：Wangsa Sailendra

西至泰國南部，東至新幾內亞島西海岸，北達菲律賓南方的島嶼。直到十六世紀，滿者伯夷才被東爪哇興起的蘇丹國消滅。特別的是，興起於印尼開始走向伊斯蘭化時期的滿者伯夷，是一個印度化的國家，留下了豐富的文化，以及今日印尼的國家格言。

到了十六世紀，幾乎整個印尼都變成了蘇丹國。今日印尼只剩下峇里島仍舊信仰印度教，處處可見半人半鳥形象的金翅鳥雕像。「穆斯林人口高居世界第一」成爲外界對印尼的首要印象，甚至是認識印尼的切入點。

十六世紀，歐洲人爲了印尼的香料及物產而東來。最先抵達的是葡萄牙，於一五一一年占領了麻六甲，並在隔年派船前往香料群島摩鹿加。一五一五年葡萄牙登陸帝汶島，並於一五五六年建立村落，一七〇二年正式殖民——目的是爲了檀香。緊接著將無敵艦隊駛入亞洲的是西班牙，但是礙於跟葡萄牙的協定，西班牙只能從太平洋的另一端遠航而來。雖然也是爲了摩鹿加群島的香料貿易，但最後西班牙選擇接受葡萄牙的賠償，只在菲律賓插旗。

一五六八至一六四八年間，荷蘭爭取獨立，與西班牙爆發八十年戰爭。這八十年中，雙方除了在歐陸對戰，也開始在海外較量。一五九五年起，荷蘭商人陸續成立了十四家以東印度貿易爲目標的公司，並於一六〇二年合併，成爲史上第一家跨國公司暨股份有限公司——荷蘭東印度公司。

一六〇七年荷蘭東印度公司先從葡萄牙手上奪取安汶島，一六一三年控制帝汶島西部；於此前兩年（一六一一年）已在爪哇西部建立商館，並於一六一九年改名巴達維亞，這是在印尼貿易的據點。爲了跟中國做生意，攻打澳門兩次未果，最後於一六二四年占領台灣西南部，做爲東亞與東南亞貿易樞紐，並進一步切斷西班牙殖民地馬尼拉與中國之間的貿易。

一六四一年，荷蘭占領葡屬麻六甲，到了一六四八年，與西班牙之間的戰爭也終於停火。由於在歐陸沒有後顧之憂，便開始藉由插手印尼各個蘇丹國王位繼承之爭，不斷擴張在印尼的勢力範圍，並於一八五九年從葡萄牙手中正式取得西帝汶。一七九九年，荷蘭東印度公司解散，荷蘭政府接管其原本的殖民事業，並繼續擴大，終於在一九一五年建立了與現在印尼領土幾乎一樣大的殖民帝國。

荷蘭殖民印尼期間，不但陸續取代了葡萄牙與西班牙的海上地位，更壟斷亞洲貿易長達兩百年，既帶來了巨額的財富，也使荷蘭的科學與藝術達到巔峰，創造了荷蘭史上的黃金時代。黃金時代不但影響了荷蘭，也影響了亞洲各國。台灣的重要經濟作物，如芒果、蓮霧、釋迦、芭樂、小番茄、辣椒、菸草，最早都是荷蘭統治台灣時引進，甚至影響台灣經濟至今。而雞蛋花、銀合歡、含羞草、馬纓丹、澎湖的仙人掌、三角柱仙人掌、阿勃勒等植物在台灣如此常見，也是拜荷蘭黃金時代之賜。

不過長江後浪推前浪，就如同荷蘭取代了西班牙與葡萄牙的海上地位，後起的英國也在荷蘭之後成爲新的海上霸權。一六二三年，英國在安汶島商館的十名館員遭荷蘭殺害，雖然使英國放棄了香料群島，卻轉而占領馬來半島與婆羅洲西北部。印尼與馬來西亞從此走上了不同的道路。不過，在荷蘭完整占領印尼前，英荷之間在香料群島還發生過幾段插曲。

最初爲了香料先後抵達摩鹿加的葡、西、英、荷，最後由荷蘭取得印尼的完整控制權，但是爲了這些珍貴的香料——遍布整個香料群島的丁香，還有只生長在摩鹿加群島中部小小的班達群島[5]的肉豆蔻——各國發生大小戰爭無數次。特別是英荷兩國在班達群島上的衝突持續

肉豆蔻

丁香

5 英文：Banda Islands，摩鹿加群島中的一個小小的群島

到十九世紀初。雖然英國於一六二四年便撤離，但是名義上仍一直控制著班達群島中的奔跑島[6]，直到第二次英荷戰爭結束，一六六七年簽訂《布雷達條約》[7]，英國才拋棄了奔跑島，以之與荷蘭交換建立於曼哈頓島上的城市新阿姆斯特丹[8]。殊不知英國於控制奔跑島的期間，早已偷偷將肉豆蔻移植到斯里蘭卡等英國的殖民地，破壞了荷蘭壟斷肉豆蔻交易的計畫。

日本也在荷蘭的黃金時期扮演重要角色。一六〇九年日本首次與西方接觸，荷蘭東印度公司隨即在日本建立貿易站。一六三七年，荷蘭協助江戶幕府鎮壓叛亂後，日本遂成爲荷蘭最大的貿易夥伴，荷蘭也成爲日本學習西方現代知識的唯一管道。直到二戰期間，由於荷蘭本土遭德軍占領，終止了對日貿易，導致日本入侵印尼。二戰結束後，日本戰敗撤出，印尼宣布獨立。經過四年的戰爭還有歐美各國的協調，荷蘭終於放棄印尼的統治權，承認印尼獨立。

印尼是「印度尼西亞」的簡稱，英文爲Indonesia。尼西亞（nesia）源自希臘文νῆσος，轉寫作nesos，意思是「眾多的島嶼」。印尼是全世界最大的群島國家，領土由一萬七千五百多個大小島嶼構成，橫跨赤道兩側。這樣特殊的地理環境，演化出豐富的生命，也孕育了三百多個不同的民族，七百多種語言或方言。其生物多樣性僅次於巴西，人口數世界第四，更是東南亞第一。

多元的族群、文化，豐富的物產，還有複雜的歷史背景，讓印尼菜多彩多姿。既有受到外國影響的料理，也保有許多地方美食，更有如印尼國家格言「存異求同」一般舉國皆有的重要菜色。以島嶼來看，蘇門答臘、爪哇、馬都拉[9]、峇里島、蘇拉威西、摩鹿加、努沙登加拉[10]、巴布亞等各區，都有自己的特色菜。

6 英文：Run Island，班達群島中最小的島，位於群島西部
7 英文：Treaty of Breda
8 英文：New Amsterdam，荷蘭語：Nieuw Amsterdam，交換後英國隨即更名爲紐約市，今日爲紐約市曼哈頓區
9 英文：Madura Island
10 印尼文：Nusa Tenggara，即小巽他群島。

蘇門答臘與雅加達，占據重要的貿易位置，自古以來受到印度、馬來西亞、泰國、中國影響最多；爪哇保留較多原住民風味，而印尼東部則有美拉尼西亞料理的影子。當然也不能忽略荷蘭與葡萄牙等殖民者對印尼菜的影響。

米飯是印尼的主食，而複雜且多層次的香料幾乎是印尼菜最明顯的表現。料理特色是辣、甜、鹹、酸、苦，料理方式包含炸、火烤、烘烤、炒、煮、蒸。由於伊斯蘭信仰的緣故，除了峇里島外，印尼較少吃豬肉，肉類以牛、羊、雞、鴨、魚爲主。部分島嶼有食用巨蜥、狐蝠或昆蟲的習慣。

沙嗲[11]是最著名的印尼料理，即印尼串燒。將醃過的牛、羊、雞等肉類串在椰子葉梗上，用炭火烤熟，食用時淋上由花生、椰奶、石栗、薑黃、南薑、沙薑、檸檬葉、香茅、蔥、蒜、辣椒等多種香料所調製而成的沙嗲醬。據說這是由爪哇的攤販發明，後來傳遍整個印尼群島，甚至影響了馬來西亞、泰國。而沙嗲醬後來傳到了華南地區，結合華人的飲食習慣而演變成沙茶醬。

印尼蔬菜沙拉稱爲「加多加多」[12]，這個詞本身就有混合的意思，通常是由各種川燙過的蔬菜、豆芽、胡蘿蔔、黃瓜、番茄、熟的馬鈴薯塊、水煮蛋、豆腐、魚餅或蝦餅，淋上沙嗲醬來吃，印尼風味十足。印尼肉菜湯稱爲「索多」[13]，是一種從路邊攤到高級餐廳都嚐得到的美食。最常見的應該是雞肉菜湯「索多阿炎」[14]——阿炎就是雞的印尼語。食材通常包含水煮蛋、油豆腐、綠豆芽、馬鈴薯塊、米粉，以及雞胸肉絲，熬湯的香料非常多樣，包含先磨碎並爆香的薑黃、南薑、蔥、蒜、胡椒，跟上述食材及檸檬葉、香茅一起熬煮，有時也會加入椰奶。除了雞肉，印尼各地也有不同的肉類變化。

11 印尼文：Sate，馬來文：Satay
12 印尼文：Gado-gado
13 印尼文：Soto。不同地方稱呼有所不同，也稱作sroto、tauto或coto
14 印尼文：Soto Ayam
15 印尼文：Rendang
16 印尼文：Padang
17 印尼文：Minangkabau

仁當[15]是印尼蘇門答臘首府巴東[16]一帶米南加保人[17]的傳統美食，是一種辛辣的肉類料理，最有名的即仁當牛肉，或稱巴東牛肉。這道料理製作程序複雜，必須先將牛肉與月桂葉一起蒸煮，香料包含辣椒、蔥、蒜、石栗、薑、南薑、香茅、檸檬葉、印尼月桂葉，一起磨碎後爆香。最後將蒸好的牛肉與爆香過後的香料、牛肉湯、椰奶一起熬煮，直到湯汁收乾變黏稠。

沙嗲是印尼著名的料理

（由上至下）
印尼雞肉菜湯索多阿炎
印尼蔬菜沙拉加多加多
著名的仁當巴東牛肉
台灣的印尼商店有販售各種料理包，
照片中為巴東牛肉及薑黃飯

天貝[18]是一種黃豆發酵的食品，又譯為丹貝或天培，起源於爪哇，最早是將煮熟的黃豆包裹在芭蕉葉中，等其長滿白色的可食菌絲並凝結成塊。天貝與中國的豆腐、日本的納豆並稱三大豆類製成的健康食材，風靡歐美。可炸、可煎、可煮咖哩，就跟豆腐一樣百搭。如果沒吃過天貝，就不算是吃過印尼料理。

另外，薑黃塔飯[19]是印尼常見的料理。這是以薑黃染色，用椰奶、香茅、檸檬葉等香料一起煮成的糯米或白米飯，通常會在盤子外圍擺上各式蔬菜、肉類。這道料理有點類似蛋糕，常用在各種生活中值得慶祝的時刻。

18 印尼文：Tempeh

19 印尼文：Tumpeng

（由上至下）

天貝是一種發酵食品，白色的菌絲讓黃豆凝結成塊

印尼自助餐廳的辣炒天貝

炸天貝

台灣的印尼超市也有販售天貝餅乾

薑黃塔飯

no.21

石栗

石栗種子外殼堅硬如石

名稱 石栗、燭果樹、kemiri（印尼文）
學名 *Aleurites moluccana* (L.) Willd.
科名 大戟科（Euphorbiaceae）
原產地 印度、中國南部、泰國、馬來西亞、蘇門答臘、爪哇、婆羅洲、西里伯斯、摩鹿加、小巽他群島、新幾內亞、澳洲、菲律賓
生育地 熱帶海岸林、次生林或原始林內受干擾處、河岸
海拔高 0 ～ 1600m

●植物形態與生態

大喬木，最高可達40多公尺，一般多在20公尺以下。葉掌狀或菱形，互生，新葉密布毛絨。圓錐花序頂生。種子形狀及大小像栗子，但是堅硬如石頭，故名。

上：石栗在台灣是公園常見的觀賞植物及行道樹，1903年自越南引進
右：石栗的果實

上：石栗種仁一定要煮熟才可食用，避免中毒
下：印尼雜貨店必定會販售石栗的種仁

●食用方式

由於是油桐花的近源植物，果實含油量高，所以又被稱為燭果樹或摩鹿加油桐。在印尼、馬來西亞是重要的香料，許多料理中都含有石栗種仁。用法類似味精，用來加入沙嗲等各種醬料中。加入湯中還可增加濃稠度，有類似勾芡的效果。各地販賣印尼雜貨的東南亞超商一定都可以見到。

no.22

檸檬葉

名稱 劍葉橙、馬蜂橙、馬蜂柑、泰國檸檬、泰國青檸、卡菲爾萊姆、ใบมะกรูด（泰文）、Kaffir Lime（英文）

學名 *Citrus hystrix* DC.

科名 芸香科（Rutaceae）

原產地 斯里蘭卡、中國南部、緬甸、泰國、越南、馬來西亞、印尼、新幾內亞、菲律賓

生育地 原始林或次生林

海拔高 低至中海拔

●植物形態與生態

柑橘亞科柑橘屬大翼橙亞屬的小喬木，高可達6公尺。枝條帶長硬刺，幼枝扁平具稜，老枝圓柱狀。單身複葉，翼幾乎與葉等大。兩性花腋生。果實近圓球狀，直徑約5公分。果皮厚且凹凸不平，果肉極酸。全株皆含精油。廣泛分布在中國南部及東南亞低中海拔森林。

檸檬葉在台灣愈來愈多人栽培

● 食用方式

馬蜂橙的葉子就是泰式料理中所謂的檸檬葉。英文Kaffir lime，泰文 มะกรูด，越南文Chanh Thái、印尼文jeruk purut、馬來文limau purut，菲律賓稱爲kabuyaw或kulubot。用途廣泛，煮湯、做菜、煮咖哩都適合，是東南亞各國必備且普遍使用的香料。除了印尼的索多雞湯、沙嗲醬會使用，更是泰國的東炎湯中必加入的香料。全台各地的東南亞雜貨店、超市或菜攤上，皆可買到乾燥或新鮮的葉子。另外，馬蜂橙的果實也可以醃製做成蜜餞食用。

除了做香料或食用，檸檬葉也可用來提煉精油，添加於洗髮精或洗衣精等清潔用品中，據說有防蟲的功效。大概是1990年後引進台灣，花市也可見盆植植株，栽培還算容易，但冬季要避免凍傷，並小心鳳蝶的幼蟲啃食爲害。

新鮮的檸檬葉

乾燥的檸檬葉

檸檬葉的果實馬蜂橙，東協廣場偶爾也會販售

除了做香料，中壢的東南亞超市可以買到數種檸檬葉香味的洗髮精

CHAPTER 9

菲律賓

不要叫我瑪麗亞

受西方文化影響，

菲律賓使用刀叉與湯匙，而不用筷子或手抓。

料理特色是將大量熱帶水果入菜，

口味是鹹中帶酸甜，

所以喜歡金桔與青芒果的酸味勝於羅望子。

Philippines

菲律賓是離台灣最近的國家，雙方島嶼最近距離僅九十九公里。除了南島語族，台灣跟菲律賓的往來是從大航海時代開始。當時就有不少菲律賓人來台工作，而不是到了近代才有常被稱爲「瑪麗亞」的菲律賓移工。

爲了遠東的香料，葡萄牙跟西班牙相繼從海上而來。一個從非洲繞過了好望角，跨越印度洋；一個橫越大西洋，先是發現了新大陸，後來又繞行了地球一周。人類爲了香料植物，竟甘冒如此大的風險。

危機就是轉機。礙於跟葡萄牙的協定[1]，西班牙不能從非洲好望角到亞洲，看似錯失了發現香料群島的先機，卻反倒促使西班牙資助麥哲倫繞過美洲最南端，從太平洋的另一端來到亞洲。不過後來葡西兩國爲了亞洲的勢力範圍重新談判並劃定界線[2]。西班牙接受了葡萄牙的賠款，於是放棄香料群島，進而到菲律賓插旗。

菲律賓也是南島語族，大概從三世紀以後，中國、安南、眞臘、暹羅、印度、阿拉伯、麻六甲的商船便陸續跟菲律賓有往來。其歷史發展跟馬來西亞及印尼有點類似，一開始有不少的印度化小王國，大約在十四世紀末之後，各地區開始建立小的蘇丹國。不過到一五六五年西班牙開始殖民前，一直不曾出現統一菲律賓全境大小島嶼的國家。

一五六五年西班牙遠征隊先攻占中部的宿霧，一五七一年才占領呂宋島，並建立馬尼拉城，目的是爲了跟中國貿易，用墨西哥的白銀交換中國的絲綢跟瓷器。一六二四年，荷蘭占領台灣。當時荷西兩國在歐陸的八十年戰爭尚未打完，不甘示弱的西班牙爲了突破荷蘭的貿易封鎖，於一六二六年沿著台灣東岸北上，占領雞籠。不過荷蘭仍舊控制了跟中國、日本貿易的大門，西班牙得不到好處，遂於一六四二年棄守。占領台灣北部之時，西班牙曾大量徵

1 1494年西班牙帝國和葡萄牙帝國在教皇亞歷山大六世的調解下，簽訂《托爾德西里亞斯條約》（西班牙語：Tratado de Tordesillas，葡萄牙語：Tratado de Tordesilhas），在大西洋上畫了一條線，將歐洲以外的世界一分爲二。分界線以西歸西班牙，以東歸葡萄牙，而這條分界線也就是所謂的「教皇子午線」

2 1529年，爲了解決摩鹿加群島的爭議，葡萄牙與西班牙簽訂《薩拉戈薩條約》（西班牙語：Tratado de Zaragoza，葡萄牙語：Tratado de Saragoça），修訂新的勢力範圍，將太平洋分界線劃在摩鹿加群島東方。以東歸西班牙，以西除了菲律賓外，都歸葡萄牙。

召菲律賓人來台擔任士兵或勞工，可說是首開菲律賓移工的先河。

而今日菲律賓的名稱源於一五四二年，西班牙探險隊以當時的國王菲利普二世來命名[3]。那時正是西班牙史上最強大的時期，成就了第一代日不落帝國的霸業，並將天主教信仰傳到菲律賓與其他曾被殖民的國家。可惜霸業來得快去得也快，因海上貿易而暴富的西班牙並沒有守住財富，很快就揮霍殆盡，國力也逐漸走下坡。加上十九世紀西班牙在菲律賓推行教育，愈來愈多菲律賓人到歐洲開拓了視野。於是在一八九六年——台灣割讓給日本的隔年，菲律賓起義與西班牙殖民軍隊抗戰，並於一八九八年宣布獨立。

同年，美國爲了控制加勒比海並支持古巴獨立，引發美西戰爭，於古巴、波多黎各與呂宋島同時開戰。最後西班牙戰敗，放棄古巴，割讓波多黎各與關島給美國，並以兩千萬美元將菲律賓讓售予美國。同年，美國藉由發動政變取得夏威夷。至此，美國、夏威夷、菲律賓這條亞太貿易航線完成。美國成爲最後一個殖民亞洲的國家，而西班牙則完全失去了美洲與亞洲的殖民地。

菲律賓從此成爲美國附庸，直到一九四六年二次世界大戰結束後，在東南亞的獨立浪潮下才成爲眞正獨立的國家。在這四十八年短暫的統治期間，美菲雙方曾爆發比美西戰爭更劇烈的衝突。當然，曾占領菲律賓的國家，不能遺漏了二次世界大戰期間的日本。上述歷史都對菲律賓飲食習慣產生或多或少的影響。

菲律賓是由七千六百多個島嶼組成的國家，民族多，方言多，各地也有不同的文化與習俗。此外，由於位在熱帶雨林氣候帶，生物多樣性高，物產豐富，跟印尼相當類似。

3 菲利普二世的西班牙文是Felipe II de España，英文Philip II of Spain，又翻譯爲腓力二世。而菲律賓的西班牙文即Filipinas，英文Philippines

菲律賓位在東亞、東南亞、大洋洲之間，又曾被西班牙、美國殖民，料理融合了各地的元素。主食仍舊是米飯，雞、豬、牛、魚、海鮮都吃，但是受西方文化影響，菲律賓使用刀叉與湯匙，而不用筷子或手抓。料理特色是將大量熱帶水果，如香蕉、鳳梨、芒果、木瓜、芭樂入菜，口味是鹹中帶酸甜，所以喜歡金桔與青芒果的酸味勝於羅望子。主要可分成呂宋、比薩揚、民答那峨三大菜系。

雖然菲律賓移工在台人數多達十五萬，新住民也有九千人，但或許是因爲飲食西化，對各類飲食接受度大，使用香料的情況沒有其他東南亞國家明顯。在台灣見到的菲律賓商店，通常是販售各類菲律賓進口飲料、餅乾、雜貨的超市，鮮少餐廳或菜攤。在台北或台中地區的菲律賓餐廳，主要都是自助餐或簡餐的形式，雖然看起來和一般台式的自助餐店沒什麼太大的不同，但是口味還是有差異，吃一口就會發現其中的巧妙。

一般大家最熟悉的菲律賓特色食品應該是罐裝果汁或芒果乾，熱食則是炸香蕉。不過所謂的炸香蕉，其實是炸芭蕉。炸的方式不同，名稱也不同。最常見是將芭蕉去皮後用竹籤插著，塗紅糖後下去油炸，當地稱爲香蕉Q[4]，嚐起來口感Q彈，甜中帶微微酸味與芭蕉的香氣，與生食的芭蕉十分不同。如果是芭蕉切片裹粉下去炸則稱爲Maruya，道地的作法是切成薄片，攤開呈扇形。而包一層麵皮的香蕉春捲稱爲turon，除了芭蕉的香氣，還多了麵皮的酥脆口感。這三種炸香蕉的形式都非常好吃。除了芭蕉外，紫色山藥也是菲律賓非常喜愛的點心材料。混合椰漿搗成泥的山藥，菲律賓稱爲Ube halaya，可做成蛋糕或三色派[5]。三色派最上層是Ube halaya，而中間白色的是糯米跟椰漿的產物，最下層橘黃色的是波蘿蜜口味。

4 菲律賓文：Banana kyu，英文：Banana cue或Banana Q

5 菲律賓文：Sapin-sapin

甜點之外，我認爲菲律賓飲食中最容易引起注意的是四處可見的Tinapa，這是煙燻過的魚，在菲律賓非常受歡迎。另外，菲律賓的牛肉清湯叫做Bulalo，是用牛腿、牛大骨及蔬菜、洋蔥、蔥、香茅、魚露下去熬煮，源於民答那峨，是全菲律賓都愛的國民美食。除此之外，菲律賓非常喜歡吃豬內臟，而且也是越南以外喜食鴨仔蛋[6]的東南亞國家。

假若眞要提，菲律賓所使用的特色香料應該就是胭脂樹紅婀娜多。菲律賓的烤肉或炸肉十分盛行，除了外表看起來偏橘紅色之外，還具有一種無法形容的特別香氣，這樣的顏色跟味道正是來自婀娜多。菲律賓稱米粉類的食物爲pancit，這個字據說是源自中文的「便食」。菲律賓炒米粉他加祿語稱爲pancit palabok，palabok是香料的意思，看起來沒什麼特別，只是在炒米粉上多了水煮蛋和蝦仁，還有橘紅色的醬汁，而這醬汁正是讓菲式炒米粉與眾不同的祕訣。可別以爲是因爲蝦子造成了橘紅色，這些醬汁的顏色來源跟烤肉或炸肉一樣，也是胭脂樹紅婀娜多。

菲律賓三色派，上層是山藥泥，橘黃色的是波蘿蜜，白色是椰奶的味道

混合椰漿搗成泥的紫色山藥Ube halaya

芒果乾、罐裝果汁與罐頭是大家較熟悉的菲律賓美食

6 菲律賓文：Balut

不只鹹食，連點心都有婀娜多的蹤影。常常跟蒸米糕Puto一起販售的椰絲糯米糕Kutsinta，是米粉加鹼水製成，而它的橘紅色也是因爲婀娜多，吃之前撒上椰子粉，美觀又好吃。而這麼多食物大量使用婀娜多染色，不只是菲律賓飲食受西班牙影響的證據，更是其飲食跟東南亞其他國家不同的地方。

西班牙爲了東南亞的香料貿易而來，卻也從美洲殖民地帶來了不少熱帶植物。鳳梨、釋迦、芭樂、小番茄、辣椒、菸草、雞蛋花、銀合歡、含羞草、馬纓丹、仙人掌等美洲的植物，應該都是西班牙先引進菲律賓後，再由荷蘭人或往來中國沿海與菲律賓之間的華商，於十七世紀陸續將它們帶來台灣。

台灣較不熟悉的香料胭脂樹籽，原本是生長在中南美洲熱帶雨林的香料與食品染色劑，具有類似胡椒混合肉豆蔻的香氣，在台灣各地東南亞超商與雜貨店常以紅胡椒或咖哩米爲名。強勢的西班牙人雖消滅了中美洲文明古國阿茲提克帝國[7]，文化上卻仍受其影響，用胭脂樹來取代海鮮燉飯中的番紅花。之後西班牙又將胭脂樹的料理習慣帶到菲律賓，進一步影響了菲律賓飲食文化，以及愛好將糯米或水餃染色來食用的越南[8]。

網路上曾流傳一張Q版的台灣版簡易世界地圖，用小朋友的口吻來描述世界。地圖中台灣南方只有一個國家，叫做「有很多叫瑪麗亞的傭人」。這恐怕是很多人對菲律賓的印象吧！面對離我們最近，而且在歷史上有許多糾葛的國家，或許可以試著從品嚐炸香蕉開始，感受一下菲律賓美食中的酸甜。

7　英文：Aztec Empire

8　胭脂樹的詳細介紹可參考《看不見的雨林——福爾摩沙雨林植物誌》第六章〈婀娜多沒有姿——胭脂樹〉

煙燻魚和金桔是菲律賓的最愛

菲律賓國民美食Bulalo是用牛腿、牛大骨，以及蔬菜下去熬煮的牛肉清湯

左下角加了婀娜多醬汁的菲律賓炒米粉，以及上方山藥泥Ube halaya做成的蛋糕，右下角則是焦糖布丁，菲律賓稱為leche flan

現代的Puto有更多口味變化，如紫色山藥或香草

白色蒸米糕Puto與橘紅色椰絲糯米糕Kutsinta多半一起販售

no.23

胭脂樹

名稱 胭脂樹、咖哩米、紅胡椒
學名 *Bixa orellana* L.
科名 胭脂樹科（Bixaceae）
原產地 熱帶美洲
生育地 雨林及半落葉林
海拔高 0 ～ 1500m

左：胭脂樹的種子
右：連菲律賓的炸鳥蛋和烤肉都用胭脂樹紅染色

● 植物形態與生態

灌木或小喬木，高可達5公尺。單葉，互生，全緣，具有長葉柄。花粉紅色，五瓣，頂生圓錐花序。蒴果鮮紅色，密被軟刺。

胭脂樹的小苗

● 食用方式

胭脂樹果實與種子顏色鮮豔，是熱帶地區有名的染料植物。美洲的原住民會取其種皮製成紅色染料，塗抹在臉上或身體上做裝飾，據說有防蚊跟避邪的作用。中美洲古文明則以胭脂樹做成的墨水寫字。台灣於1903年引進，各地零星栽培供觀賞。各地東南亞超市有販售進口種子供越南及菲律賓新住民與移工做香料使用。菲律賓不論鹹食或甜點，如炸鳥蛋[9]、米粉、蒸米糕、燉菜Kare-kare都會使用，越南的咖哩中也會添加。

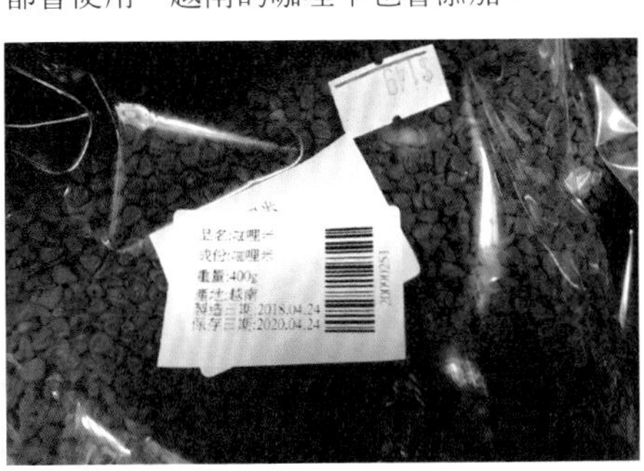

越南稱胭脂樹子為咖哩米，是重要的食物染色劑

9 菲律賓文：kwek kwek

COLUMN

普遍存在日常生活的東南亞植物

回顧整個東南亞的飲食文化，從孟加拉灣、南海、西太平洋沿岸，因為海上貿易而有了許多相似的飲食習慣與共通香料。

東南亞雨林的豐富生態，孕育了無數珍貴的香料，刺激了地理大發現；而地理大發現時代則刺激了「哥倫布大交換」。番薯、樹薯、馬鈴薯、番茄、辣椒、菸草、花生、鳳梨、玉米等重要作物，從美洲被帶進了舊世界，而舊世界的糧食與作物也被傳播到美洲，進一步改變了世界文明。

還有許多熱帶雨林植物的發現與傳播，如橡膠、油棕櫚、咖啡、可可、香草、可樂果、金雞納、古巴香脂、祕魯香脂樹、墨水樹、胭脂樹、吉貝木棉、桃花心木等，都在一四九三年至十七世紀之間，跟大航海時代密切相關。

植物，普遍存在我們的日常生活中，是人類文化的一部分，離我們一點也不遙遠。

※以上植物的發現與傳播史，請參考《看不見的雨林—福爾摩沙雨林植物誌》

東協各國資料列表

						國旗
緬甸	**汶萊**	**新加坡**（創始國）	**印度尼西亞**（創始國）	**馬來西亞**（創始國）	**菲律賓**（創始國）	國家
52.254	0.423	5.607	258.802	32.271	102.939	人口 ※1
676,578	5,765	721	1,919,440	330,345	299,764	面積 ※2
緬甸語	馬來文 英文	馬來文、華語 泰米爾語 英文	印尼文	馬來文 英文	菲律賓語 英文	官方語言
緬族	馬來 華裔	華裔 馬來 印度	爪哇 巽他 馬都拉	馬來 華裔	比薩揚 他加祿	主要民族
奈比多	斯里巴卡旺	新加坡	雅佳達	吉隆坡	馬尼拉	首都
元	元	元	盾	令吉	披索	貨幣
1948	1984	1965	1945	1957 馬來亞 1963 馬來西亞	1898 自西班牙 1946 自美國	獨立
佛教	伊斯蘭教	佛教	伊斯蘭教	伊斯蘭教	天主教 伊斯蘭教	宗教

						國旗
巴布亞新幾內亞（觀察國）	**東帝汶**（候選國）	**越南**	**柬埔寨**	**寮國**	**泰國**（創始國）	國家
7.060	1.188	94.569	15.762	6.758	68.863	人口 ※1
462,840	14,874	331,210	181,035	237,955	513,120	面積 ※2
英文 巴布亞皮欽語 希里摩圖語	德頓語 葡萄牙語	越南文	高棉語	寮語	泰文	官方語言
巴布亞	東帝汶原住民	京族	高棉	佬族	暹羅、佬族 華裔	主要民族
莫爾茲比港	狄力	河內	金邊	永珍	曼谷	首都
基那	美元	盾	瑞爾	基普	銖	貨幣
1975	1975	1945 1976 統一	1953	1953	——	獨立
天主教	天主教	佛教	佛教	佛教	佛教	宗教

※1 人口：百萬／2016　※2 面積：平方公里

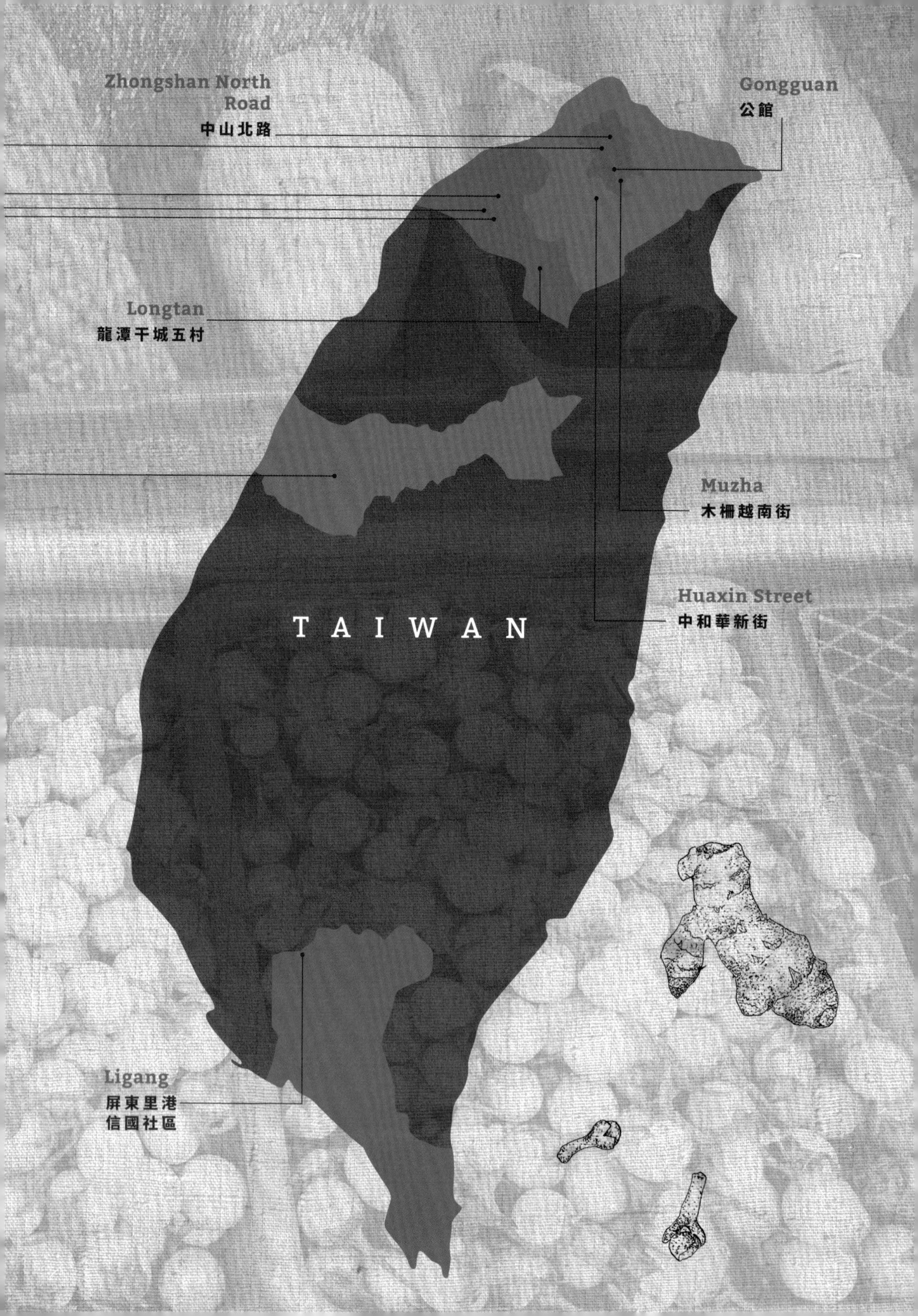
Zhongshan North Road
中山北路
Gongguan
公館
Longtan
龍潭干城五村
Muzha
木柵越南街
Huaxin Street
中和華新街
TAIWAN
Ligang
屏東里港
信國社區

2

在台灣 尋找東協的滋味

Taipei Station
台北車站

Taoyuan Station
桃園後火車站

Zhongli Station
中壢火車站

Longgang
龍岡忠貞新村

ASEAN Square
東協廣場

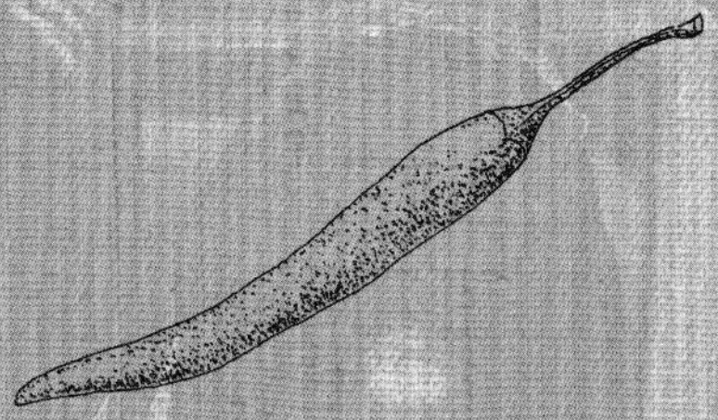

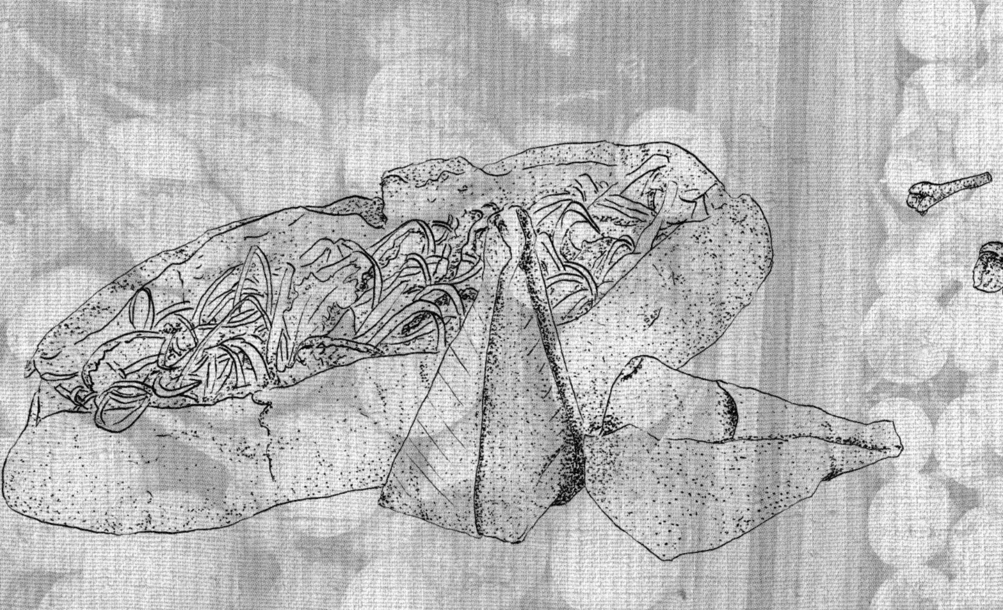

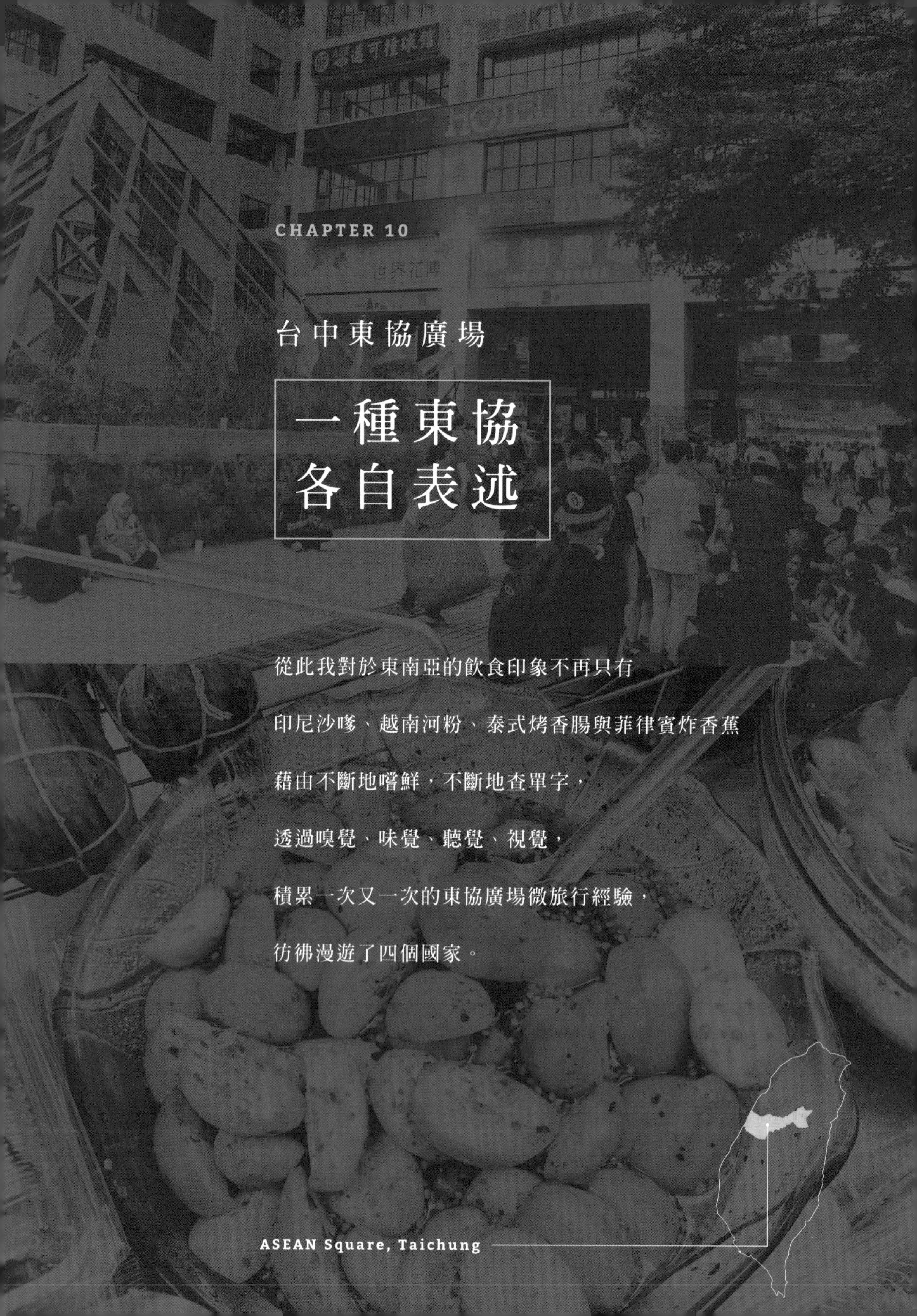

CHAPTER 10

台中東協廣場

一種東協
各自表述

從此我對於東南亞的飲食印象不再只有

印尼沙嗲、越南河粉、泰式烤香腸與菲律賓炸香蕉

藉由不斷地嚐鮮，不斷地查單字，

透過嗅覺、味覺、聽覺、視覺，

積累一次又一次的東協廣場微旅行經驗，

彷彿漫遊了四個國家。

ASEAN Square, Taichung

「這裡是台中的小東南亞，店家有泰國、越南、印尼、菲律賓之分。美食節目不會介紹，旅遊雜誌不會刊，卻有很多好吃的東南亞美食，以及許多來自東南亞親切的新住民。而我幾乎總是大街上唯一的台灣人，他們的圈外人。」這是二〇一三年，我再度踏上台中第一廣場那天，在日記裡寫下的一小段文字。從那刻起，喜愛南洋美食且嚮往東南亞熱帶雨林的我，成了第一廣場的常客，時常在週日午後到第一廣場尋寶。好奇如我，開始上網搜尋資料。當時第一廣場尚未改名，假日聚集的東南亞移工人潮讓它被稱爲「台中小東南亞」。

有些文章寫到，衛爾康大火中的幽靈船事件[1]使第一廣場的人潮逐漸減少，而九二一大地震則成爲壓垮它的最後一根稻草。不過，二〇〇〇年代初期，移工人潮卻讓第一廣場商圈起死回生。

第一廣場在發薪日後的第一個週末，擠滿了來自越、泰、菲、印四國的移工

我不停回想第一廣場在自己人生中的所有記憶。大約在一九九一或一九九二年，小學三、四年級的某個暑假，我從鄉下老家來到繁華的台中。那時候堂哥和堂姊帶我到剛落成的第一廣場玩耍。當時的第一廣場究竟長什麼模樣，在我腦海裡已十分模糊，唯一記得的是堂姊喚它做「一廣」，廣場中有一座小金字塔，據說是台中最新、最棒的大型百貨公司。

1 1995年2月15日晚上，台中中港路衛爾康餐廳發生大火，造成64人死亡，是台灣史上在同一棟建築物內死亡人數最多的火災意外。在那之後民間開始謠傳，在火災發生時餐廳天空出現一艘幽靈船。後來幽靈船盤旋於第一廣場上空，據說要載滿一百人才會離開，造成人心惶惶，不敢前往第一廣場消費一九九八至二〇〇〇年，中學時期，我跟同學經常去第一廣場看電影、逛街，雖然人潮沒有像一九九二年開始經營的中友百貨那麼多，卻仍是中學生下課後喜歡聚集的場所。從官方的統計數據來看，當時台灣的外籍移工大約已有三十萬人，在台中地區也有三萬人左右，可是印象中第一廣場假日時的移工不像現在這麼多，主要都是過去所稱的「泰勞」三三兩兩來逛街。當然，那時也沒有現在那麼多的異國美食與小吃店聚集。

爲了尋找新鮮的臭豆，我再度踏上第一廣場——從二〇〇一至二〇一三年底，十多年來未曾涉足的百貨大樓，如今已不是我熟悉的模樣。我未曾參與，也不清楚這十多年來究竟如何演變，只知道第一廣場又變成了另一個吸引我每週到訪的去處。這回不再是爲了看電影或逛街，而是爲了東南亞美食，透過口腹之慾，瞭解這些已融入台中市區的異國文化與植物。不過，一開始我在菜攤上並沒有找到臭豆，而是發現了各式各樣我不認識的蔬菜，或是特殊的食材，如芭蕉花、睡蓮花，以及異國風味的小吃。當時我對新住民與移工的議題是陌生的，植物卻搭起我認識東南亞文化的橋梁。

口頭詢問臭豆下落未果，不死心的我，一週後又拿著臭豆照片一家一家探訪。原本大家都只是跟我揮揮手表示不知道。但是，老天爺眞的對我十分眷顧。很幸運地，終於有一個越南新住民願意跟我說話，她指點我到印尼餐廳去尋找。我這才赫然想起，臭豆主要是島嶼東南亞的食材，越南沒有食用臭豆的文化。我感到十分汗顏，明明知道植物地理中，中南半島與馬來群島有許多差異，但是我卻把東協廣場不同國家的移工和新住民視爲一個整體。

台灣於一九八九年，十四項建設結束前首次開放外籍移工來台。不過早期只有大型公共工程可以雇用外籍移工，直到一九九二年才允許民間引進外籍移工，主要從事家庭幫傭或看護工作的印尼籍與菲律賓籍移工開始出現。一九九六年，台灣的外籍移工人數突破二十萬，當中有十四萬是泰國籍。一九九九年開始有越南籍移工來台。隔年，高鐵開工，全台外籍移工人數突破三十萬大關，仍舊以泰國籍移工人數十四萬最多。

隨著越南移工人數增加，以及一些重大公共工程慢慢結束，加上泰國自身的經濟狀況改善，泰國籍移工人數在二〇〇〇年後逐年遞減。二〇一一年後移工人數突破四十萬，而後因應愈來愈多家庭對看護的需求，印尼和菲律賓移工開始快速增加。二〇一四年首次超過五十萬，二〇一六年便達到六十萬。至二〇一八年十一月，全台東亞籍移工人數已達七十萬六千二百多人，其中印尼籍將近二十六萬八千人，越南逾二十二萬兩千、菲律賓約十五萬四千、泰國六萬一千多人。

台中，是移工人數第二多的縣市，僅次於桃園。二〇一八年十一月底統計，有十萬五千多人。若再加上鄰近的苗栗、彰化、南投等三個縣市的移工，東協廣場潛在的移工客群達十九萬六千多名。

另外，隨著一九九〇年政府所推動的南向政策，以及全球化的影響，許多台灣的男性透過跨國的婚姻仲介，到東南亞尋找配偶。一九九〇年代開始，新住民人數不斷攀升。依行政院主計處統計，二〇〇二年達到高峰，台灣平均四對新婚夫妻就有一對是與外籍配偶組成。內政部統計，新住民的人數至二〇一七年底，原屬於越南籍約十萬人，印尼兩萬九千多，菲律賓九千，泰國八千七，柬埔寨約四千三，合計逾十五萬人。而台中市這五國的新住民總人數約一萬五千一，全台排第四。前三大分別是新北市兩萬四千五，桃園市一萬九千二，高雄市一萬五千六。

不過，第一廣場之所以能成爲台灣最大的東南亞籍移工與新住民聚集地，不單只是因爲交通便利，還有城市發展、商業中心移轉、建築物本身的封閉結構與廣大腹地等遠近因。一九〇七年起，第一廣場現址便被當時台中廳長有計畫地逐步建設成台中地區第一個現代化的市場——第一市場，此後一直是台中地區交易最熱絡、繁榮的地方。一九九〇年代初期，剛改建完成的第一廣場仍是台中最熱鬧的百貨公司，商場內及周邊有不少販賣舶來品的店家。

一九九六年起，市政府開始將七期重劃區規劃爲新的市政中心，此舉讓原本只是副都心的七期重劃區在二〇〇〇年後逐漸取代舊市區，成爲台中市新的商業中心。並不是只有一九九五年消防安檢沒有通過的第一廣場人潮變少，整個火車站前的舊市區，全部都受到影響而逐漸沒落。

二〇〇〇年高鐵台中段動工後，當時所謂的泰勞開始於週末出現在第一廣場周邊，適時地塡補了因爲商圈西移而減少的假日人潮。一些反應快的店家便陸續將進口自日本或其他國家的商品，替換成泰國的零食與雜貨。其他店家爲了存活下去，也陸續轉型做移工與新住民的生意，吸引了更多的移工。

二〇〇〇年代，因爲人潮減少而陸續空租的櫃位，租金降低後，慢慢有了新住民開設的東南亞小吃店。第一廣場，這座漸漸被台灣人遺棄的ㄇ字型大樓，開始擁抱移工與新住民，成爲城堡一般的存在。週末相約在「畢拉密」[2]，彷彿是移工之間祕密聚會的暗語。經過大約十年生聚，二〇一〇年，第一廣場二樓正式設立東南亞購物美食廣場。沒落的中區，便宜的租金，也在二〇一〇年代陸續吸引更多間東南亞小吃店家進駐。以第一廣場爲中心，周邊南北向的成功路、光復路，東西向的繼光街、綠川東西街，開設愈來愈多家東南亞餐廳、小吃

2 畢拉密是移工或新住民對第一廣場的代稱。因爲第一廣場的一樓廣場中有一座金字塔，而金字塔的英文pyramid諧音就是畢拉密

第一廣場的金字塔是移工口中所說的「畢拉密」

成功路上的菜攤可以買到各式各樣特殊的東南亞蔬菜、香料與小吃

第一廣場二樓最早設立東南亞購物美食廣場

第一廣場內外有數家大型的東南亞超市

店、雜貨店、美髮店，甚至大型超市。這些店家，許多只有在週末營業，或是週一、週二店休，當然也有少數不休息的商家。

二〇一六年七月，配合新南向政策，第一廣場正式更名爲「東協廣場」。大樓本身及其周邊，大約有八百至一千家店，以新住民與移工爲主要客源。光是全省連鎖的東南亞超市就有四家以上，可見台中地區東南亞移工與新住民的消費力驚人。根據台中市經發局估算，移工每個月在第一廣場附近消費約一億兩千萬台幣，相當於台灣人整年於韓國東大門的消費。這個數據估計很保守，算下來每家店每個月只分到十二至十五萬的營業額，恐怕無法支撐這些店家的正常營運。不禁令人推想，實際的消費金額應該更高。

過去五年多來的田野調查與資料蒐集，我發現東協廣場除了小吃店或餐廳外，店家經營者多半是土生土長的台灣人，但是他們卻能說上幾句簡單的泰語、越南語或印尼語。有的太太是新住民，有的聘僱移工或新住民爲店員，常常一家店裡會有兩位以上，且來自不同國家的店員。商家種類也很多，從日用品雜貨、蔬果、小吃、餐廳，到手機通訊、服飾、飾品、鞋子、美容美髮、換匯、機票等，應有盡有。當然也有以移工爲主要客群的pub、旅店、KTV[3]。特別的是不少店家都是複合式，如小吃店或餐廳兼賣雜貨及佐料、零食；美髮店兼賣日用品或甜點；超商雜貨店兼換匯地點。這現象不只在台中，其他縣市的東南亞市集都有相同的情況。

隨著泰國籍移工人數減少，越南人數增加，早期泰國爲主的店家也愈來愈少，起而代之的是越南商店。以小吃店或餐廳來看，目前菲律賓小吃店最少，主要在第一廣場三樓，第一廣場一樓與較外圍的成功路、綠川東街、民權路十四巷也各有一家，而綠川西街也有一家賣進口商品的商店，假日會兼著販售已裝盒的菲律賓甜點或小吃。泰國小吃店主要是在一樓與三

3 KTV主要是設在餐廳裡，越、泰、菲、印尼皆有

樓，特別的是一樓有家泰國烤肉店，口味或許是屬於東北依善菜，有炸蟋蟀、蠶蛹，有時也會兼賣一些罕見的蔬菜或水果。越南小吃店家數量最多，遍布一到三樓、六樓，周邊的成功路與繼光街、自由路、公園路也有不少家。印尼有許多穆斯林，受清眞戒律限制，餐館爲了避免食物受到汙染，因此在較外圍的地區開店，如綠川西街底與光復路、公園路上，以及中間的巷弄內，或和東協廣場隔著台灣大道的繼光街上。

東協廣場的通訊行、旅店牆上通常都有四國的文字，而雜貨店內也往往會有兩國甚至四國的商品，分區擺放。菜攤最有趣，店家數最少，主要在成功路上，原本東協廣場二樓的小吃店也兼有販售，而三樓或一樓的雜貨店冰箱裡也可以找到新鮮或冷藏的蔬果。香料則是新鮮或乾燥都有，主要也是在菜攤上或雜貨店裡擺售。

除了常見的香茅、香蘭葉、檸檬葉、紫蘇、薄荷、刺芫荽、叻沙葉、越南毛翁、假蒟、南薑、薑黃、守宮木、水合歡、過長沙、大野芋、小圓茄、泰國黃瓜、芭蕉花、睡蓮花、沙梨橄欖，這些年來東協廣場陸續還出現南瓜葉、越南夢茅、大花田菁、田菁、沼菊、甲猜、雷公根、尖苞柊葉、臭豆、木蝴蝶、印度楝、紅絲線、泰國花椒等蔬菜或香料，以及紅毛榴槤、人心果、牛奶果、黃皮果、黃酸棗、山陀兒、西印度醋栗等水果。

最初是一大堆看不懂也分不清楚的外文招牌，幾年後，我知道哪些是越南文、印尼文、泰文、菲律賓文，並且可以用簡單的單字購買想要的蔬果或小吃。人潮在我身旁來來往往，雖然幾乎不見一個台灣面孔與我擦肩，但是我已經約略能夠分便：骨架纖細且總是穿戴整齊的可能是越南人，做運動休閒打扮的或許是菲律賓人，包著頭巾或帶小帽的是印尼穆斯林。

從此我對於東南亞的飲食印象不再只有印尼沙嗲、越南河粉與法國麵包、泰式烤香腸與涼拌青木瓜絲、菲律賓炸香蕉……藉由不斷地嚐鮮，不斷地查單字，我的了解也愈來愈多樣。熟悉、陌生、再次熟悉，我透過嗅覺、味覺、聽覺、視覺，積累一次又一次的東協廣場微旅行經驗，彷彿漫遊了四個國家。

東協廣場的變遷，就像是森林的演替。想快速賺錢，能接受高額租金，同時也需要大量人潮的商家，如快速生長卻不耐陰的陽性樹種，在這座大樓開幕之初，瞬間進駐整座百貨商場。它們來了又去，不斷地移往更新的商圈。後來大樓老舊破敗了，人潮走了，燈光也昏黃了，瀰漫開一股廢棄的氛圍。這時，懷著帶一些自己拿手家鄉滋味與其他同鄉分享的心情，移工與新住民彷彿找到了一處沒有干擾、沒有歧視的所在，漸漸進駐、聚集。東一家，西一家，慢慢出現，緩緩地改變商圈的樣貌，生成這處全台獨特的商圈，好似耐陰樹種漸進地取代了陽性樹種，在看不見的歲月中悄悄地改變了森林的組成。

政府的手再次伸進了這座十多年來自成一格、自然演替成的移工商圈。一座沒落的百貨大樓看似起死回生，又再次吸引了想賺熱錢的商家前來插旗。「台中小東南亞」之名慢慢被遺忘，冠上了最潮的名稱——東協廣場，在時間的推移下，又將再次演變。若干年後，將成爲「誰的」東協廣場？

成功路上可以找到各種越南小吃

台中的印尼商店懸掛哇揚皮影戲偶 4 做為裝飾

印尼商店在東協廣場外圍的綠川西街一帶

東南亞超市內也可以買到許多新鮮蔬果

4 印尼文：Wayang Kulit

no.24

臭豆

名稱 臭豆、美麗球花豆、**สะตอ**（泰文）、petai（馬來文）、stink bean（英文）

學名 *Parkia speciosa* Hassk.

科名 豆科（Fabaceae or Leguminosae）

原產地 泰國南部、馬來半島、蘇門答臘、爪哇、婆羅洲、菲律賓

生育地 低地原始雨林或山地森林

海拔高 0 ～ 1000m

● 植物形態與生態

巴克豆屬超大喬木，樹高可達50多公尺。二回羽狀複葉，頭狀花序，下垂，豆莢可達一公尺。

臭豆小苗

● 食用方式

臭豆是讓我踏進東協廣場的關鍵植物。當時第一廣場尚未改名，我每週末都到一廣尋找新鮮臭豆，但由於對環境不熟悉而四處碰壁，卻也在不斷嘗試錯誤的過程中，慢慢地認識了東協廣場，並且能夠漸漸區分各國餐廳與食材的差異。

臭豆是泰南、大馬、印尼常見的食材。新鮮的豆子本身有種類似瓦斯的味道，就跟榴槤一樣，喜歡的人非常愛，不喜歡的人無法下嚥。食用後，不管是流汗或排氣均會有特殊臭味。台灣中南部有少數人栽培，但是結實率極低，因此台灣市場上見到的臭豆都是仰賴進口。不僅台中東協廣場，台北車站、木柵木新市場、中壢地區的泰國雜貨店或印尼超市皆可見到進口的新鮮或冷凍臭豆。印尼餐廳偶爾也會有炒臭豆料理，加肉絲、辣椒、魚露、小魚乾大火快炒。台灣進口的臭豆嚐起來有苦味，推測是種子採下時間太長，豆子即將發芽所致，辣炒即可掩蓋苦味。

進口的新鮮臭豆

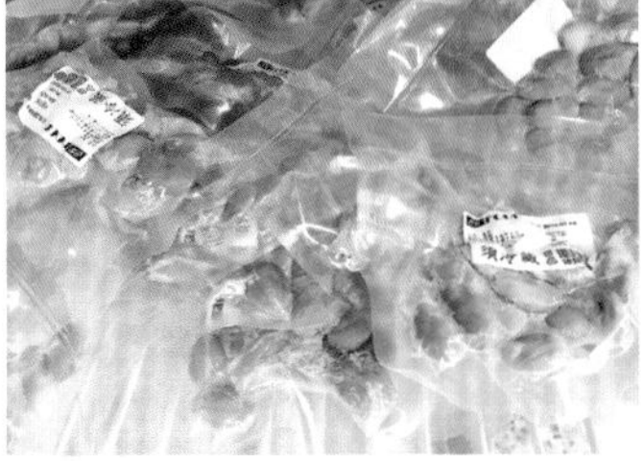

冷凍臭豆

臭豆炒豬肉或小魚乾即可食用

no.25
水合歡

名稱 水合歡、水含羞草、越南怕醜草、越南香菇草、甲策菜、Rau rút（越南文）、**กระเฉด**、**ผักกระเฉด**（phak krachet）、**ผักรู้นอน**（phak runon）（泰文）、water mimosa（英文）

學名 *Neptunia oleracea* Lour.

科名 豆科（Fabaceae or Leguminosae）

原產地 原產地不詳，廣泛分布全球熱帶地區

生育地 全日照，水流緩慢的淺水環境

海拔高 0 ～ 300m

●植物形態與生態

水合歡屬的水生草本植物。莖平貼水面生長，每節都會長出紅色的根，莖周圍常會有白色的浮水囊。二回羽狀複葉，跟含羞草一樣有明顯的觸發睡眠運動，只要觸碰葉片，小葉即會合起。花黃色，頭狀花序。喜歡生長在全日照、水流緩慢的淺水環境。

水合歡的食用方式類似空心菜

水合歡的花十分可愛

市場上販售的水合歡，有的有浮水囊，有的沒有

●食用方式

水合歡是我在東協廣場購買並試吃的第一種東南亞蔬菜，也開啓了我研究東南亞蔬菜之路。它的拉丁文種小名*oleracea*即是蔬菜的意思。在越南、泰國等地，水合歡是常見的蔬菜，多半採摘末梢30公分左右的嫩枝與葉片，食用時去除白色浮水囊。煮食方式類似我們吃空心菜，用魚露或蝦醬大火快炒即可。

由於它不怕淹水，所以農業單位曾推廣栽培，希望可以解決風災或水災後，台灣各地蔬菜缺乏的問題。栽培東南亞蔬菜的專業農場多半都有栽種，市場上幾乎四季可見。不過纖維較多，一般民眾恐怕接受度不高。

no.26

大花田菁

名稱 大花田菁、羅凱花、bông so đũa（越南文）、แค（泰文）、vegetable hummingbird（英文）

學名 *Sesbania grandiflora* (L.) Poiret

科名 豆科（Fabaceae or Leguminosae）

原產地 印度、緬甸、馬來西亞、蘇門答臘、婆羅洲、新幾內亞、澳洲、菲律賓

生育地 低地沼澤和海岸林

海拔高 0 ～ 1000m

●植物形態與生態

灌木或小喬木，高約3 ～ 15公尺，枝條無毛。一回羽狀複葉，互生，小葉兩面有倒伏性的毛絨。蝶形花白色或紫紅色。總狀花序腋生，下垂。豆莢細長，可達30 ～ 50公分。它的花比一般的田菁大很多，整朵花約有7 ～ 8公分長。

左：大花田菁的花也有暗紅色
右：大花田菁可以長成小樹

●食用方式

大花田菁拉丁文學名的種小名就是大花之意。1910年，台灣近代農業教育先驅藤根吉春率先自新加坡引進大花田菁，做為觀賞花木或綠肥。由於花可以食用，1990年後新住民廣為栽植。

我還在台北工作期間，因文化大學林志欽老師介紹而認識並栽培大花田菁。不過，或許是因爲植於花盆之中，每次花開數朵，還不夠炒成一道菜。直到東協廣場開始販售才得以嚐到它的絕佳滋味。

口感類似金針花。煎、煮、炒都可以，做法也類似金針花。食用前要將花蕊去掉才沒有苦味。

上：市場販售新鮮大花田菁的花
右：大花田菁炒蛋十分美味

no.27

田菁

名稱 田菁、**ดอกโสน**（泰文）
學名 *Sesbania cannabina* (Retz.) Poir.
科名 豆科（Fabaceae or Leguminosae）
原產地 不詳，可能是澳洲或太平洋島嶼
生育地 草地、開闊地
海拔高 低海拔

●植物形態與生態

灌木，高約3公尺。一回羽狀複葉。蝶形花黃色。總狀花序腋生。莢果細長。

田菁是常見的綠肥作物，廣泛歸化於中南部

●食用方式

田菁是1920年代引進且十分常見的綠肥作物，廣泛歸化於中南部的平地。台灣常將學名寫成*Sesbania cannabiana*，應該是錯誤的寫法，多了一個a。台灣應該不會食用，但是2018年我曾在東協廣場的菜攤上見到。口感和料理方式與大花田菁類似。

上：田菁花煎蛋
下：東協廣場買來的田菁花

no.28

睡蓮花

名稱	睡蓮花、齒葉睡蓮、埃及睡蓮、夜睡蓮
學名	*Nymphaea lotus* L.
科名	睡蓮科（Nymphaeaceae）
原產地	東非、印度、中國南部、緬甸、泰國、越南、馬來西亞、印尼、新幾內亞、澳洲、菲律賓
生育地	湖泊或池塘
海拔高	0 ～ 1200m

●植物形態與生態

齒葉睡蓮是多年生水生植物，根狀莖肥厚，肉質，匍匐生長。單葉，葉緣齒牙狀，葉柄細長。花白色或桃紅色，夜間開花。果實爲漿果。

東協廣場的菜攤上偶爾會販售睡蓮花

夜睡蓮是常見的景觀植物

睡蓮花梗可以炒或煮湯，口感與味道介於蘆筍與韭菜花間，滑嫩可口

去皮後的睡蓮花梗，紫、綠、白三色，十分美麗

●食用方式

齒葉睡蓮是廣被栽培供觀賞的睡蓮，變異極大。除了觀賞，花梗亦可食用。剝除外皮後，大火快炒即可。其根狀莖也可以吃，是澱粉來源；未熟果則可加入生菜沙拉中食用。東協廣場菜攤上偶爾可以見到裝袋販售的睡蓮花。

no.29

泰國黃瓜

名稱	泰國黃瓜、**แตงกวา**（泰文）
學名	*Cucumis sativus* L.
科名	瓜科（Cucurbitaceae）
原產地	印度
生育地	不詳
海拔高	低海拔

●植物形態與生態

黃瓜是蔓性草本，接觸到地面後節會生根。單葉，互生，掌狀，淺裂，細鋸齒緣，卷鬚腋生，莖葉皆被粗毛。單性花，雌雄同株，腋生。花黃色，雄花簇生，雌花單生，果實為筒狀或長條狀。

泰國黃瓜（右）較短胖且綠白相間

●食用方式

泰國黃瓜跟我們熟悉的小黃瓜、大黃瓜在植物學上是同一種植物，只是不同品種。泰國黃瓜短胖，綠白相間。食用方式與大小黃瓜相同。

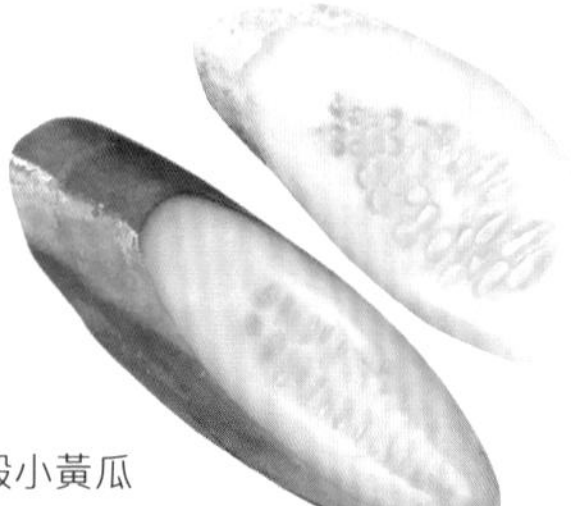

泰國黃瓜（右），種子較一般小黃瓜多，生吃味道幾乎一模一樣

no.30

越南萝茅

名稱 絨毛雞屎藤、杏雞屎藤、越南萝茅、萝三、潭能萝葉、Mơ tam thể（越南文）

學名 *Paederia lanuginosa* Wall.

科名 茜草科（Rubiaceae）

原產地 中國雲南、緬甸、泰國、越南

生育地 疏林或灌叢、荒野、海岸

海拔高 0 ～ 1900m

●植物形態與生態

藤本，具分枝，莖暗紫紅色，嫩枝被毛，老枝則無毛。單葉，對生，全緣，葉背暗紅色，葉兩面及葉柄皆被毛。花白色，內部暗紅色，鐘形，聚繖花序頂生或腋生。核果。

越南萝茅是藤本植物

●食用方式

絨毛雞屎藤是我2017年夏天在東協廣場越南菜攤上看到的蔬菜，亦可供藥用。越南文是Mơ tam thể，翻譯是萝三或萝茅。網路上食用的資料多半是越南文，可佐法國麵包、沙拉或是乳酪食用，也可用葉子包成類似手卷一樣直接生吃。據說也是越南煮狗肉時必定加入的葉菜。

左：越南萝茅現在已經是東協廣場常見的蔬菜；右上：越南萝茅包手卷；右下：越南萝茅可直接煎蛋食用

攝影／王秋美博士

no.31

沼菊

名稱 沼菊、Ngổ trâu（越南文）
學名 *Enydra fluctuans* Lour.
科名 菊科（Asteraceae）
原產地 印度、中國雲南與海南、緬甸、泰國、越南、馬來西亞、印尼、澳大利亞
生育地 沼澤和溪流
海拔高 平地及低海拔

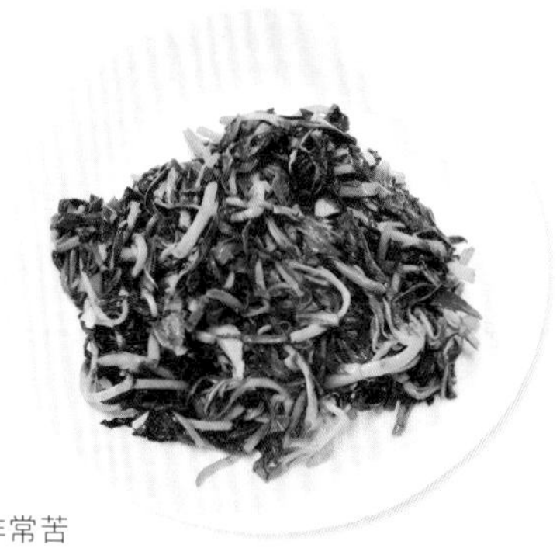

炒過的沼菊非常苦

● 植物形態與生態

水生草本植物，匍匐生長，多分枝，於莖節處泛紅，先端直立向上。單葉，對生，疏鋸齒緣，微肉質。頭狀花序頂生或腋生，果實爲瘦果。

上：挺水生長的沼菊；下：沼菊的果實

● 食用方式

大約在2017年透過臉書初次認識沼菊，不過一直沒有親眼見過這種植物。2018年5月第一次在東協廣場的菜攤上看到，一時間不敢確認，購買回家，把它當作一般蔬菜炒食，雖然纖維不多，但是苦不堪言啊！後來在王秋美博士的園子看到沼菊本尊，確認了它的身分。生吃後發現它竟然微甜，看來它還是比較適合做生菜沙拉呢！

市場上待售的沼菊，其右下是水合歡，左上是守宮木

no.32

甲猜

名稱 甲猜、凹唇薑、泰國沙薑、手指薑、Bồng nga truật（越南文）、กระชาย（泰文）、temu kunci（印尼文）、Pokok temu kunci（馬來文）、Finger root（英文）

學名 *Boesenbergia rotunda* (L.) Mansf.

科名 薑科（Zingiberaceae）

原產地 中國雲南、緬甸、泰國、寮國、柬埔寨

生育地 河岸石灰岩丘陵的落葉及常綠混淆林，地生

海拔高 0 ～ 1200m，主要300 ～ 1000m

●植物形態與生態

多年生草本，冬季會休眠。塊莖橫走，根粗大，有辛香味。單葉、全緣，葉鞘紅色。花白色至粉紅色，唇瓣紫紅色。廣泛分布及歸化於中國南部及東南亞地區，亦常被栽培。

左：甲猜的根十分肥大
右：甲猜的花十分美麗

●食用方式

泰式料理中的甲猜，正式中文名是凹唇薑。泰文กระชาย轉寫為krachai，所以音譯做甲猜。英文Finger root，意譯手指根，指甲猜可食用的根部像手指一般，因此又稱為手指薑。使用方式跟我們台灣使用薑類似，味道也接近。泰國料理與爪哇料理中大量使用。特別適合魚料理。

大約2010年後陸續有進口新鮮的地下根莖。新住民或許保留塊莖下來栽培，2016年後東協廣場愈來愈常見。通常於冬天及春天上市，亦曾於夏天見到進口的甲猜。除了做為香料使用，台灣的雨林植物玩家也栽培供觀賞。

左：東協廣場販售新鮮的甲猜老薑
右：東協廣場偶爾可見到甲猜嫩薑

no.33

沙梨橄欖

名稱 太平洋榅桲、沙梨橄欖、Cóc（越南文）

學名 *Spondias dulcis* Sol. ex Parkinson/*Spondias cytherea* Sonn.

科名 漆樹科（Anacardiaceae）

原產地 美拉尼西亞、玻里尼西亞

生育地 原始林或次生林

海拔高 0 ～ 700m

●植物形態與生態

喬木，高可達18公尺。一回羽狀複葉，小葉疏鋸齒緣，會在春天換葉。花白色，極小，圓錐花序頂生，核果。果核中含5枚種子。

沙梨橄欖的種子外有刺絲

沙梨橄欖的羽狀複葉，落葉前會變黃

●食用方式

太平洋榅桲俗稱沙梨橄欖，果實可食用。最早於1909年由日本橫濱植木株式會社引進，是中南部常見的果樹，其他熱帶國家也普遍可見栽植。不過生食酸澀，醃過會比較好吃。台中的東協廣場有販售鮮果及削皮醃過的果實。

（上）左：沙梨橄欖罐頭；右：成堆待售的沙梨橄欖

（下）左：削皮裝盒待售的沙梨橄欖；右：醃製的沙梨橄欖

no.34

爪哇楹桲

名稱 爪哇楹桲、檳榔青
學名 *Spondias pinnata* (L. f.) Kurz
科名 漆樹科（Anacardiaceae）
原產地 印度、斯里蘭卡、中國南部、中南半島、馬來西亞、印尼、菲律賓
生育地 原始林或次生林
海拔高 500m以下

●植物形態與生態

大喬木，高可達50公尺，一般多在30公尺左右，一回羽狀複葉，小葉全緣或疏鋸齒緣。核果果皮油亮，成熟時橘黃色。種子光滑，有許多不規則紋路。

右邊是爪哇楹桲，左邊是太平洋楹桲，兩顆果實明顯不同

爪哇楹桲與太平洋楹桲同屬，形態也類似。不過它的樹勢較太平洋楹桲更雄偉。果皮有斑點，種子不帶絲，可與果肉分離。藉由上述這些特徵可以跟太平洋楹桲區分。它跟太平洋楹桲同時引進台灣，不過卻較為少見。2018年夏天首次於東協廣場的菜攤上見到，一眼發現它跟常見的太平洋楹桲有所不同，老闆也一直不斷向我強調它不是沙梨橄欖。果然，查了資料就發現是罕見的爪哇楹桲。

●食用方式

同沙梨橄欖。生食酸澀，醃過會比較好吃。

爪哇楹桲的果實有白色斑點

爪哇楹桲的果核光滑無刺

no.35

紅毛榴槤

名稱 刺番荔枝、紅毛榴槤、Mãng cầu Xiêm（越南文）、ทุเรียนเทศ（泰文）

學名 *Annona muricata* L.

科名 番荔枝科（Annonaceae）

原產地 墨西哥至尼加拉瓜、哥斯大黎加、巴拿馬、哥倫比亞、厄瓜多、祕魯、西印度

生育地 潮濕低地灌叢、海岸石灰岩森林

海拔高 0 ～ 500m

●植物形態與生態

小喬木，高可達15公尺。單葉，互生，全緣。幹生花，花被片黃色，表面凹凸不平。果實爲聚合果，可食用，表皮有棘狀突起，故名刺番荔枝。它與中南部常見的山刺番荔枝（*Annona montana*）有諸多特徵相似，容易搞混。山刺番荔枝果實圓球狀，刺較短；刺番荔枝果實多長心臟形，刺較長。此外，葉片味道也不同，可以之區分。

紅毛榴槤的小苗

●食用方式

刺番荔枝於1899年便引進台灣，不過早期栽培不普遍。一直到1990年後，新住民與種苗商重新引進大果的品種，並改稱其紅毛榴槤，才開始較多人栽培。不過刺番荔枝全株無毛，爲何稱爲紅毛榴槤？這應該是來自其馬來語名稱Durian belanda。馬來語中Durian意思是有刺的果實，一般是指榴槤；而belanda是荷蘭。原意是荷蘭引進的有刺水果，但是華人的壞習慣將荷蘭人稱爲紅毛人，所以才變成了紅毛榴槤。果實可鮮食，但是一般多半打成果汁飲用。東南亞雜貨店可以買到數個品牌的罐裝果汁，夏天時東協廣場菜攤上亦可見到鮮果，食用方式類似釋迦。

左：東協廣場春末會販售紅毛榴槤
右：除了新鮮的紅毛榴槤，東南亞超市也可以買到菲律賓進口的紅毛榴槤罐裝果汁

no.36

人心果

名稱 人心果、吳鳳柿、沙漠吉拉、sapodilla（英文）
學名 *Manilkara zapota* (L.) P. Royen
科名 山欖科（Sapotaceae）
原產地 墨西哥猶加敦半島、貝里斯、瓜地馬拉、尼加拉瓜
生育地 熱帶海岸林或低海拔潮濕森林
海拔高 0 ～ 800m

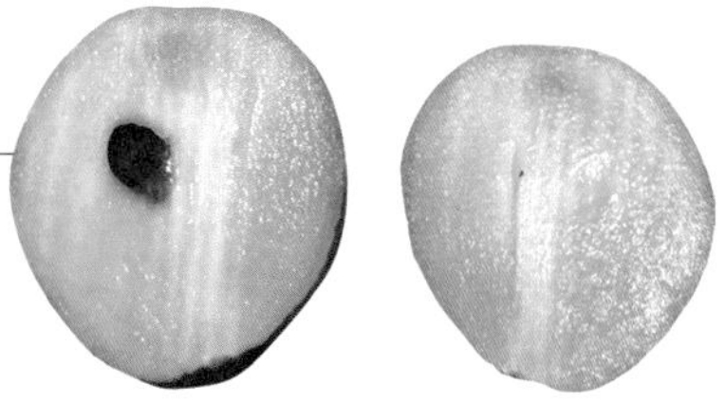

人心果縱切面略似心臟

●植物形態與生態

喬木，高可達25公尺，基部具板根。單葉，全緣，嫩葉泛紅色，新芽有毛，常簇生在枝條先端。全株具白色乳汁。兩性花，單生，腋生。漿果，果皮褐色，表面粗糙，果肉黃色。果實縱切似心臟，故名。

人心果的小苗

●食用方式

人心果原產於中美洲，1902年兒玉史郎自爪哇引進台灣，以雲林、嘉義栽培最多。1948年為了紀念嘉義人吳鳳，又以其形命名為吳鳳柿。英文稱sapodilla，所以又音譯為沙漠吉拉，台語則稱為查某李仔。果實甜且多汁，但或許是風味較特殊，市場上不甚普遍。反倒是新住民與移工眾多的東協廣場，每年夏天都可以見到鮮果販售，給了愛吃熱帶水果的我一個十分便利的購買地點。有一回到峇里島見到人心果，當地人說它叫峇里奇異果（Bali kiwi），不知道是不是隨口說說的，查不太到此一說法。

人心果有白色乳汁（攝影／劉家駒）

五月東協廣場會販售人心果

no.37

牛奶果

名稱 星蘋果、牛奶果、vú sữa（越南文）、Star apple（英文）
學名 *Chrysophyllum cainito* L.
科名 山欖科（Sapotaceae）
原產地 古巴、開曼群島、牙買加、海地、多明尼加、波多黎各
生育地 低地至中海拔潮濕森林
海拔高 1000m 以下

● 植物形態與生態

喬木，高可達25公尺。葉互生，全緣，葉背密被金色絨毛。花細小，黃綠色，花冠筒先端六裂，花梗細長，數枚叢生於葉腋。漿果橢球形至扁球形，果皮有綠白色及紫黑色等品種。

牛奶果
葉背金黃色

牛奶果的花

● 食用方式

星蘋果原產於西印度群島潮濕森林，1924年9月大島金太郎自夏威夷首度引進台灣。其名由來是因爲果實橫切面種子排列呈星形，英文稱Star apple，引進初期直接翻譯成星蘋果。中南部雖然廣有種植，但一直沒有經濟栽培，直到1990年後越南新住民來台，才越來越多人食用。
因爲果實多汁，且爲白色，越南稱之爲vú sữa，意思是奶。新住民來台後，爲了方便溝通，便以越南名直接意譯爲牛奶果。各地果樹苗商也沿用。可於春秋兩季於各地東南亞市場見到販售。甜而多汁，十分美味。

牛奶果橫切面可見種子排成星狀

牛奶果有紫黑色皮，也有白色皮

no.38

黃皮果

名稱	黃皮果、黃皮、Hồng bì（越南文）
學名	*Clausena lansium* (Lour.) Skeels
科名	芸香科（Rutaceae）
原產地	中國南部、越南北部
生育地	潮濕低地樹林、森林邊緣、河岸林、次生林
海拔高	低海拔

●植物形態與生態

小喬木，高可達15公尺。一回羽狀複葉，小葉全緣。花小，圓錐狀聚繖花序頂生。漿果成熟時黃色，雞心狀或橢圓球狀，種子綠色。

●食用方式

黃皮是中國華南與越南地區比較會食用的水果，越南也直接音譯為Hồng bì。台灣大約在明清時期引進，但是栽培不甚普遍。2018年6月我首次在東協廣場越南新住民的果菜攤上見到販售。果實剝皮後鮮食即可，除了酸酸甜甜，還有獨特的香氣。

大概六、七月時東協廣場會販賣黃皮果

左：黃皮果是一回羽狀複葉
右：剛發芽的黃皮果是單葉

no.39

山陀兒

名稱 山陀兒、金錢果、大王果、山道楝、山都兒、**สะท้อน**（泰文）、sentul（馬來文、印尼文）、santol、cotton fruit（英文）

學名 *Sandoricum koetjape* Merr./ *Sandoricum indicum* Cav.

科名 楝科（Meliaceae）

原產地 中南半島、馬來半島、蘇門答臘、婆羅洲、摩鹿加、新幾內亞、菲律賓

生育地 原始雨林、次生林、海岸林、沼澤林、巽他荒原森林（keranga）

海拔高 0 ～ 900（1200）m

●植物形態與生態

大喬木，高可達50公尺，胸高直徑逾100公分，板根高3公尺。三出複葉，互生，小葉全緣，尾狀。嫩芽、葉柄、幼枝有毛。花十分細小，圓錐狀聚繖花序腋生。漿果，落地後會微微開裂。廣泛分布在東南亞低地森林。除了野生，也常被栽培。

山陀兒的小苗

●食用方式

1919年自新加坡引進山陀兒。名稱由馬來文sentul轉變成英文santol，再音譯而來，也稱做山道楝或山都兒。泰文是**สะท้อน**，轉寫成sathon，發音也類似。大約2000年後，有苗木商改稱它為金錢果或大王果。台灣中南部公園及校園偶有栽培。

2018年曾於東協廣場的泰國烤肉攤上見過果實待售。果實約七、八月成熟，淡黃色的果實形狀如包子，果皮厚。切開後果肉白色，有五瓣，形狀及口感與山竹相似。具有淡淡香氣，滋味酸酸甜甜，甚是好吃。只是果肉極少，較為可惜。

八月東協廣場會販賣山陀兒

山陀兒的果實與果肉

山陀兒的花

no.40

泰國花椒

名稱 泰國花椒、印度花椒、爪哇雙面刺、มะแข่น（泰文）

學名 *Zanthoxylum rhetsa* DC./*Zanthoxylum limonella* Alston

科名 芸香科（Rutaceae）

原產地 印度、斯里蘭卡、孟加拉、緬甸、泰國、越南、馬來西亞、印尼、新幾內亞

生育地 常綠林至潮濕落葉林

海拔高 500m以下

● 植物形態與生態

喬木，高可達35公尺，樹幹通直，有刺。一回羽狀複葉，小葉波浪狀鋸齒緣。單性花，雌雄異株，花細小，圓錐狀聚繖花序頂生，或生於枝條末梢的葉腋。果實成熟時藍黑色，似蓇葖果，成熟時開裂。

泰國花椒表皮皺縮，褐色

台灣常見的花椒表皮有疣狀突起，通常是紅色

東協廣場販售的泰國花椒

● 食用方式

泰國花椒跟我們熟悉的花椒形態十分類似，使用方式也雷同。從外觀來看，進口的乾燥泰國花椒表皮皺縮，褐色；而花椒表皮有疣狀突起，通常是紅色。泰國花椒氣味較花椒淡，有一點花椒混了孜然的味道，我於2018年11月在東協廣場的泰國雜貨店發現。

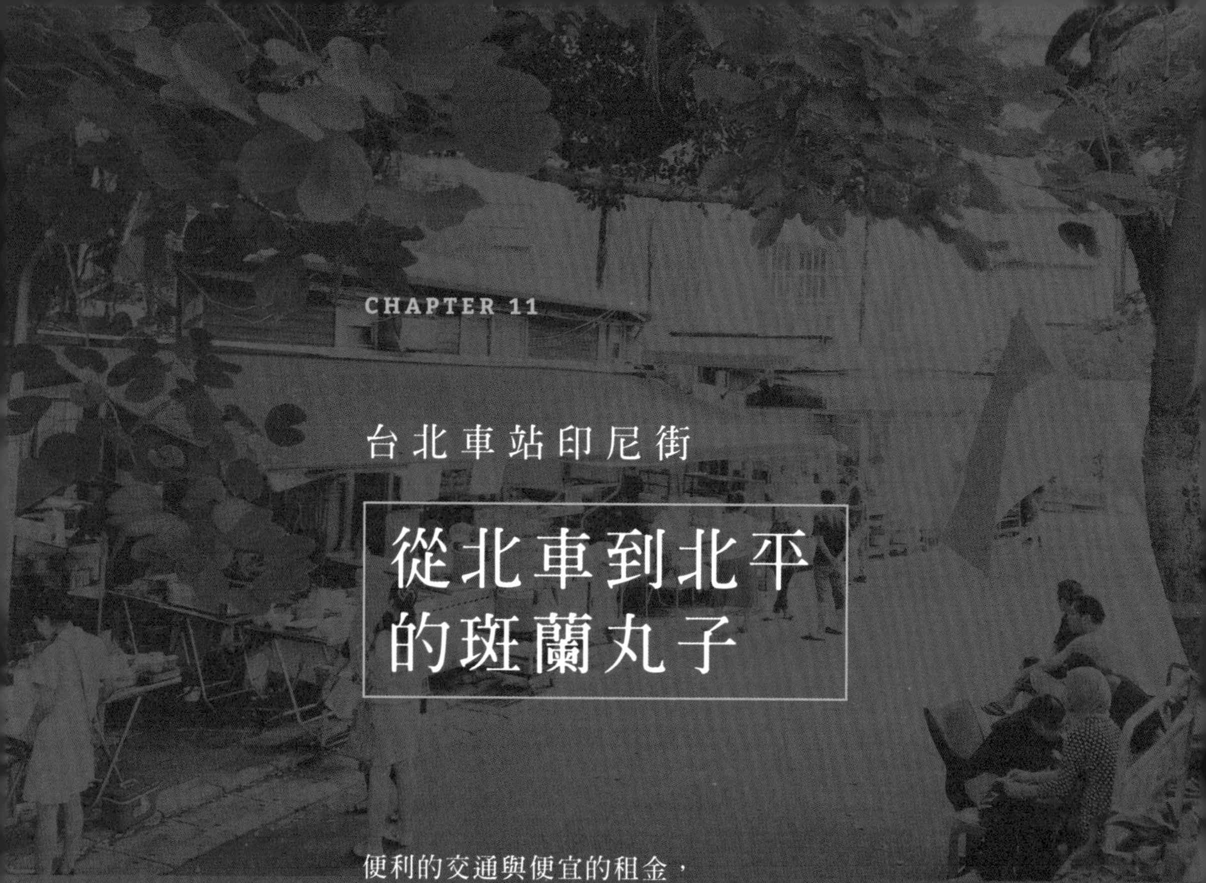

CHAPTER 11

台北車站印尼街

從北車到北平的斑蘭丸子

便利的交通與便宜的租金，

加上台灣本地人不來，

正好給了新住民與移工一道在大都會中思鄉的夾縫。

一九九八年，泰國、菲律賓、印尼、越南等

東南亞商店應運而生。

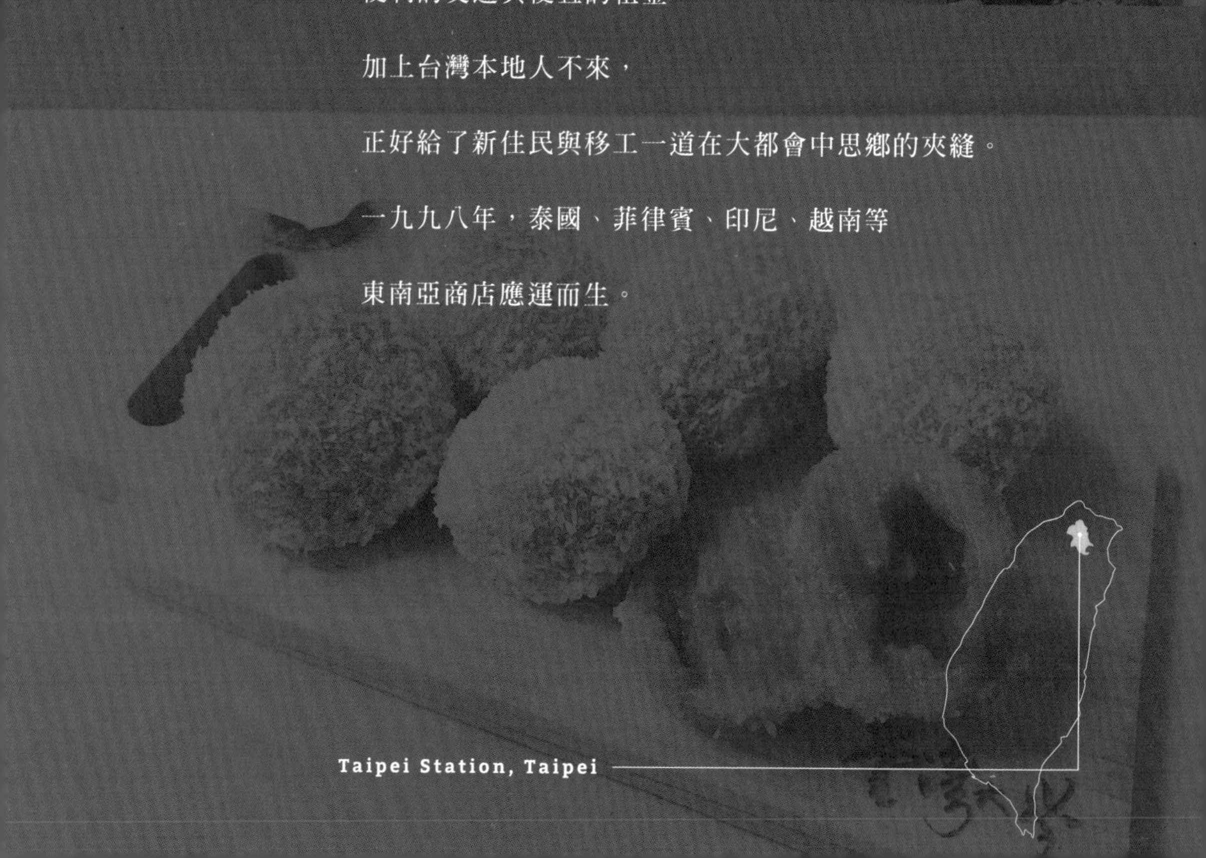

Taipei Station, Taipei

一盒一盒色彩鮮豔的娘惹糕吸引我的目光，並不斷占據我手機的記憶體，而麻糬般大小與Q彈口感的斑蘭丸子[1]不斷地向我的胃招手。翠綠色的丸粒上灑滿了白色粉末，巧妙融合了斑蘭葉與椰子的香氣；大口咬下，甜而不膩的椰糖瞬間爆漿，充滿口中。外皮的香與內餡的甜混合得恰到好處；而彈牙的外皮與濃稠的椰糖一起在舌上滾動，不會因爲太乾、太黏而噎到。想不到小小的斑蘭丸子竟設計得如此巧妙，透過視覺、嗅覺、味覺與舌尖的觸覺，鋪排成多層次的美味饗宴，吸引我每次經過台北車站都一定要去購買這獨特的口味，爲忙碌的台北之旅畫下美麗的句點。

當然，如果是平日前往，就不見得買得到斑蘭丸子與娘惹糕，不過仍舊可以到地下街的印尼超市尋寶。超市中還可以買到很多特別的餅乾、果乾、罐頭、飲料、香料、美妝用品……不少都是以特別的熱帶植物爲原料。常見的芒果、羅望子、山竹或紅毛榴槤果汁不特別，香草[2]飲料就有趣許多。果乾類也是，芒果、波羅蜜、榴槤、紅毛丹根本是必備，而蛇皮果更是一絕。

還有俗稱苦餅或樹子脆片[3]的倪藤果餅乾，薄薄的彷彿洋芋片，卻是以倪藤果種子爲原料做成的印尼獨特點心。雖然倪藤果是東南亞許多國家都會食用的堅果，樹子脆片卻必須到印尼雜貨店才找得到。有炸好的，也有需要買回家自己炸的，氣味難以形容，而包裝上常寫做葛藤或樹子。

沙蘭葉是丁香的親戚，乾燥的葉子是香料，新鮮的葉子可以當蔬菜，是印尼雜貨店必備。只不過從印尼進口來台的乾燥沙蘭葉，常常被誤以爲是月桂葉。

北車地下街印尼超市內各種果乾

香草的濃縮飲料

台北車站印尼街必吃的斑蘭丸子，內餡是甜而不膩的椰糖漿

1 印尼文：kelapon，也有稱作椰糖麻糬
2 香草的介紹可參考《看不見的雨林——福爾摩沙雨林植物誌》，書中第八章〈冰淇淋必備——香草蘭〉一文有詳細介紹
3 印尼文：Emping

再看看琳瑯滿目的進口開架式保養品、化妝品，依蘭花[4]這種大家熟悉的植物所做的彩妝用品不讓人驚訝，荖葉、雷公根[5]就比較特別了。但最讓我驚訝的莫過於蘭薩果與香欖，徹底顛覆我的想像。

斑蘭丸子並非什麼五星級高級餐廳的點心，只是台北車站旁印尼街一盒五十元的小點，卻是我心中前幾名的台北必買美食。鮮少台灣人消費的印尼超市更是我愛逛的百貨商行，也是增廣見聞的好所在。很可惜的是，人來人往的台北車站旁，這短短的五十公尺，卻是許多台灣人一輩子跨不過的距離。

一九八九年九月第四代台北車站正式啓用，並將二樓出租給上嫺公司設立金華百貨。隔年，台北地下街正式啓用，安置原先中華商場[6]的部分承租戶。一九九六年三月，台北捷運開始營運，台北車站附近四通八達的地下街，逐漸變成行人的主要通道，也導致台北車站二樓金華百貨人潮銳減。二〇〇一年四月，台北車站前的天橋拆除更是雪上加霜，幾乎成了壓垮金華百貨的最後一根稻草。許多店家紛紛倒閉，迫使金華百貨不得不降價求租。

這個情況與東協廣場有些類似，便利的交通與便宜的租金，加上台灣本地人不來，正好給了新住民與移工一道在大都會中思鄉的夾縫。一九九八年，泰國、菲律賓、印尼、越南等東南亞商店應運而生；至於目前的印尼街北平西路，則是二〇〇一年開始陸續有商家進駐。二〇〇五年，台鐵改與微風廣場簽約，消費風格高級化，東南亞商店、小吃店因而紛紛遷離，移至台北車站東側北平西路與忠孝西路一段二十九巷，還有位在市民大道下方的台北地下街Y區頭尾。超市位在Y1出口附近，小吃美食則靠近塔城街出口。

4 依蘭花的介紹可參考《看不見的雨林——福爾摩沙雨林植物誌》，書中第五章〈可可．香奈兒與克里斯汀．迪奧——香水樹〉一文有詳細介紹

5 雷公根與荖葉的介紹，詳細請參考第283和287頁

6 中華商場是台北市已拆除的大型商場，原址位於中華路一段中央，北起忠孝西路口，南至愛國西路口。曾經是大台北地區規模最大的公有綜合商場，後來爲因應市區重劃與捷運施工，在1992年底拆除

平日的北平西路冷冷清清

假日才有店家營業的北平西路

仔細看，除了小吃店、雜貨店，這裡還有電器行、美髮沙龍。不過，台北車站附近幾乎都是印尼商店。而店家在這邊聚集的原因跟台中的東協廣場卻不完全相同。老闆或許是遠嫁來台的印尼新住民，或許是印尼排華事件後來台的印尼華僑，也可能兩者都是。

印尼排華並不是單一事件，而是一連串複雜的歷史。印尼排華的遠因，要追溯到荷蘭殖民時期。當時荷蘭採分而治之的統治策略，給予少數華商政治上的特權，以避免華人與印尼原住民聯合反抗荷蘭殖民，卻也因此造成華人與印尼原住民之間的衝突。太平洋戰爭爆發後，日本占領印尼，不但恣意屠殺華人，也刻意挑撥華人與印尼原住民的關係。

此外，從福建、廣東移居印尼的華人，原本主要就從事貿易等商業活動。不論是已經定居印尼數代的土生華人，還是十九世紀後才到的新客華人，不少人在印尼的市場經濟扮演重要角色。而華人與印尼的文化畢竟有所差異，雖然積極融入，甚至在印尼獨立之初提供資金等方面的支持，卻始終被視爲「外人」。加上印尼獨立初期，原本荷蘭跟日本的公司因荒廢而被賤價拋售，華人很快吸收了這些企業，這也造成印尼商人的不滿。

種種歷史背景、民族主義、經濟上的弱勢、政治上的鬥爭、妒忌的心理，加上有心人士的煽動，印尼的排華情況比起東南亞各國，似乎格外嚴重。從一九四五至一九四九年間，印尼軍隊對抗荷蘭殖民軍隊時，便有不少暴民伺機搶奪華人財產，焚燒華人房屋，造成大約數千名華人死傷。一九五六年三月十九日，印尼商人暨政要阿沙阿特[7]發起了一連串的排華運動，意圖降低華人在各方面的影響力，被稱爲「阿沙阿特運動」[8]。

7 印尼文：Assaat Datuk Mudo
8 印尼文：Assaat Movement

一九六五年九月三十日，印尼發生一次流產政變[9]。政變鎮壓後，傾共的總統蘇卡諾反而被傾向西方的陸軍戰略後備部隊司令蘇哈托推翻。隨後，蘇哈托策動反共大清洗，除了消滅印尼的共產黨外，也藉機掀起排華浪潮。一九六五至一九六七年間，大批印尼華人[10]被當作共產黨而遭到逮捕，財物被搶奪，造成約五十萬人死亡——其中約有三十萬華人，史稱「九三〇事件」。

往後三十多年，蘇哈托在位期間，印尼持續取締華人學校，禁止講華語、使用漢字及慶祝中國傳統節日，甚至強迫華人改印尼姓。華人在印尼受到極嚴厲的對待。九三〇事件後，約有一千五百名印尼華僑移居台灣——大多數都是客家人。政府將他們分別安置於桃園、新竹、苗栗、嘉義與屏東等縣市，並且能自由選擇住處。數十年後，他們已融入台灣社會。

一九九八年五月，是印尼近代最黑暗的時期。當時大批印尼華人受到虐待、殺害，華人婦女慘遭強暴，華人公司、商店、住家被砸毀或搶劫。光是印尼首都雅加達，就有五千多間華人商店和房屋被燒毀，一千兩百多人遭殺害。而爪哇東北的泗水、蘇門答臘的棉蘭等城市也發生類似的動亂。印尼排華暴動後，大量印尼華人爲了避難，紛紛以結婚、政治庇護、移民等各種方法，出逃到新加坡、馬來西亞、台灣或歐美國家。台灣當局也向印尼提出「嚴正抗議」，並緊急派出客機營救受難者。

許多印尼華人原本不擅長做印尼料理，甚至不會做菜，來台後因思念南洋香料的味道，陸陸續續練就了做印尼料理的手藝，甚至開始到印尼街開店[11]，跟其他來自印尼的移工或學生分享香料群島的滋味。除了娘惹糕、斑蘭丸子，著名的印尼沙嗲、雞肉湯飯、巴東牛肉，只要跨越短短五十公尺，不用搭飛機，就可以在這裡品嚐道地的南洋滋味。

9　意即政變失敗

10　當時台灣稱印尼華僑

11　台中的東協廣場外圍也有幾家印尼華僑經營的餐廳

台北地下街Y1出口附近的東南亞超市

台北地下街Y區尾巴也有不少印尼餐廳跟雜貨店

印尼餐廳與雜貨店販賣的點心、香料與水果罐頭

no.41

斑蘭

名稱	香林投、斑蘭、七葉蘭、Dứa thơm（越南文）、เตยหอม（泰文）、Pandan wangi（印尼文）
學名	*Pandanus amaryllifolius* Roxb./*Pandanus odorus* Ridl.
科名	露兜樹科（Pandanaceae）
原產地	原產地不詳，可能是印尼或整個東南亞
生育地	不詳
海拔高	平地

●植物形態與生態

灌木，高可達4公尺，鮮少分枝，基部具支柱根。葉細長，全緣，先端細鋸齒緣，叢生於植株末段。台灣栽培的植株幾乎不會開花，據國外文獻記載，雄花序具白色苞片，十分罕見，且不曾記錄過雌花序，亦不會結果。

斑蘭在台灣也有不少人栽培

●食用方式

印尼文Pandan wangi，Pandan是林投，wangi就是香的意思，合起來即是香林投。葉子有一種類似芋頭的香氣，與香茅和檸檬葉一樣，是非常多用途的香料，尤其在製作甜點時特別常用，如印尼知名甜點斑蘭丸子，泰式料理中的斑蘭葉包雞。大約是在1990年後引進台灣，全台普遍栽植。各地東南亞市場上，一年四季均可買到新鮮的斑蘭葉。

左：斑蘭的香料罐；右上：越南斑蘭糕Bánh da lón；右下：菲律賓椰汁斑蘭果凍Buko Pandan

no.42

倪藤果

名稱 倪藤果、木花生、買麻藤、Melinjo（印尼文）
學名 *Gnetum gnemon* L.
科名 買麻藤科（Gnetaceae）
原產地 印度阿薩姆、孟加拉、中國、緬甸、泰國、柬埔寨、越南、尼古巴、馬來半島、婆羅洲、摩鹿加、蘇拉威西、小巽他群島、新幾內亞、索羅門、菲律賓
生育地 低地龍腦香森林、次生林
海拔高 0 ～ 1700m

● 植物形態與生態

小喬木，高可達20公尺。單葉，對生，全緣。單性花，雌雄異株。買麻藤因爲胚珠裸露，屬於裸子植物，不過葉子卻長得跟被子植物一樣。另外還有透過昆蟲授粉、木質部中有導管這兩點，也跟多數的裸子植物不同。分類上將它獨立爲買麻藤門。

● 食用方式

東南亞很常見的買麻藤，也有人叫倪藤果或木花生，會加在泰式料理中，也是印尼、馬來西亞、菲律賓等國都會食用的果樹。台灣極少人栽培。倪藤果餅乾Emping倒是各地印尼商店常見的商品，各家商店稱呼不同，有的稱爲苦餅，有的稱爲樹子脆片。

上：生的倪藤果脆片，模樣很像洋芋片
下右：倪藤果脆片的包裝上偶爾可以看見倪藤果的圖案
下左：熟的倪藤果脆片，看起來比較像一般的餅乾

沙蘭葉的果實像小芭樂

no.43

沙蘭葉

名稱 沙蘭葉、黃金蒲桃、印尼月桂、多花番櫻桃、沙冷果、daun salam（印尼文）、Indian bay leaf、Indonesian bay leaf（英文）

學名 *Syzygium polyanthum* (Wight) Walp.

科名 桃金孃科（Myrtaceae）

原產地 緬甸、泰國、柬埔寨、寮國、越南、馬來半島、蘇門答臘、爪哇、婆羅洲、菲律賓

生育地 低地原始林、次生林、竹林、灌叢

海拔高 1400m以下

● 植物形態與生態

大喬木，高可達30公尺。單葉，對生，全緣，新葉紅色。花白色泛紅，較細小，聚繖花序腋生。果實球狀，成熟時紫紅色。

左：月桂葉，右：沙蘭葉，顏色與質地明顯不同

● 食用方式

沙蘭葉跟我們熟悉的蓮霧、丁香同樣是蒲桃屬的植物，台灣可能沒有引進過，不過印尼超市都會販賣沙蘭葉。因爲它的英文Indonesian bay leaf，意思是印尼月桂，所以台灣的進口包裝幾乎都是寫做月桂。月桂的英文bay，拉丁文學名是*Laurus nobilis*，其實是地中海一帶原產的樟科植物。

在台灣，眞正的月桂通常可以在菲律賓商店買到，而沙蘭葉是印尼商店獨有販售。月桂葉子通常比沙蘭葉小且厚，顏色偏黃綠，乾燥後較平整，網狀葉脈細而明顯，葉子的中肋有小細毛，不須搓揉便香氣濃郁；而沙蘭葉顏色偏墨綠或褐綠色，乾燥後自然蜷曲，網狀脈不明顯，光滑無毛，必須揉碎才會有淡淡的肉桂混胡椒與普洱茶的味道。以上幾點可以跟沙蘭葉區分。

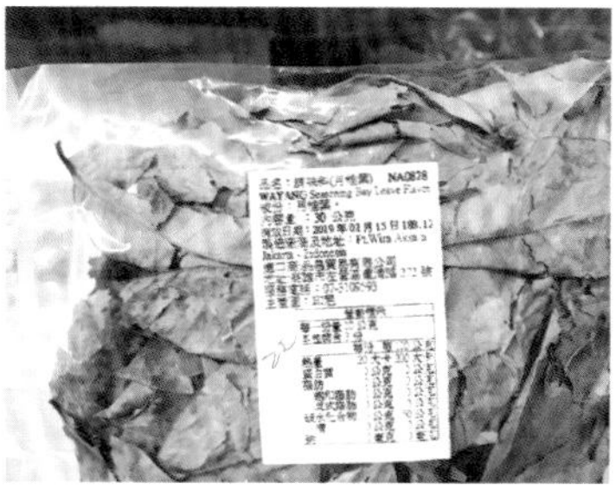

印尼進口的沙蘭葉，包裝常寫成月桂葉

印尼自助餐的多種配菜中皆可發現沙蘭葉

攝影／王瑋湞

no.44

蘭撒果

名稱 蘭撒果、蘭薩果、龍貢、蘆菇、度古、澎澎

學名 *Lansium parasiticum* (Osbeck) Sahni & Bennet/ *Lansium domesticum* Corr.

科名 楝科（Meliaceae）

原產地 泰國、馬來西亞、爪哇、婆羅洲

生育地 低地雨林

海拔高 0 ～ 800m

●植物形態與生態

喬木，高可達30公尺。一回羽狀複葉，小羽片互生，全緣，尾狀尖。花細小，白色，總狀花序叢生於樹幹上。成熟果皮黃褐色，果肉半透明。種子綠色，發芽時從中間長出，幼苗耐陰，且有「重演化」的現象——小苗是單葉，成樹是一回羽狀複葉。

左：蘭撒果種子發芽方式十分特別
中：蘭撒果小苗是單葉
右：長大後的蘭撒果是一回羽狀複葉

●食用方式

蘭撒果是東南亞很有名的熱帶果樹，香港稱爲蘆菇。在泰國，蘭撒指薄皮的品種，泰文是ลางสาด，轉寫langsat，龍貢是厚皮的品種，泰文ลองกอง，轉寫longkong。馬來文langsat，音譯爲蘭撒或冷薩，印尼文duku，音譯爲度古，越南文bòn bon，音譯爲澎澎。台灣最早於1929年引進，栽植於嘉義農業試驗分所。不過早期資訊不發達，多數農民並不認識這種水果。後來隨著新住民來台，約2000年後果樹玩家再度引進。2008至2010年中南部開始流行栽植，比較早期種植的果農已有結實的紀錄。有機會到東南亞，別忘了品嚐一下蘭撒果的特殊風味囉！

台灣的印尼超市有販售添加蘭撒果成分的各式彩妝商品

no.45

香欖

名稱 香欖、猿喜果、牛油果、
bunga tanjung（馬來文）、tanjung（印尼文）

學名 *Mimusops elengi* L.

科名 山欖科（Sapotaceae）

原產地 印度、斯里蘭卡、安達曼、緬甸、泰國、越南、
馬來半島、印尼、新幾內亞、澳洲、菲律賓、
新喀里多尼亞、萬那杜

生育地 熱帶海岸林、季風雨林或低地雨林

海拔高 0 ～ 600m

●植物形態與生態

喬木，高可達30公尺。單葉，互生，全緣。花細小，白色，具有香氣。漿果，成熟時橘黃色。

左：香欖的果實
右：香欖的花有淡淡香氣

左：台灣的印尼超市有販售添加香欖成分的乳液與香水
右：香欖成熟果實為橘黃色

●食用方式

廣泛分布在印度至西太平洋島嶼。1896至1898年間引進台灣。台北植物園及各地公園、校園略有栽植。早期稱爲猿喜果，近期則有人稱爲牛油果或香欖。果實可食，但台灣鮮少人食用，只做爲景觀植物或誘鳥樹栽培。花、葉、樹皮可藥用。花有香氣，可以提煉精油製作香水。印尼還會蒐集落花放在房間、衣櫃裡或枕頭中。印尼商店可買到添加香欖的商品。

CHAPTER 12

台北中山北路小馬尼拉

今天不要試婚紗

午後，漫步在中山北路三段的林蔭大道。

今天不要試婚紗，

用炸香蕉與紫山藥蛋糕當作下午茶點吧！

以此感受一下週末限定的異國風情。

Zhongshan N. Rd., Taipei

想吃菲律賓炸香蕉、紫山藥蛋糕，還有各種道地的菲式料理，不用搭飛機到馬尼拉，週末走一趟台北市的中山北路就可以品嚐得到。

台北市的道路被中山北路分隔了東西，加上忠孝西路與八德路做爲南北分界，分隔成四個象限。以中國地名來命名的台北市道路，也分別坐落在四個不同的象限。如成都、昆明在中國西南，這些路就出現在台北市的第三象限。吉林、合江這些中國東北的地名，則位在第一象限。我初到台北時，由於住在台北市的南方，因此對於忠孝東路以南較爲熟悉。出社會後到中山、松山區工作，台北市地圖在腦海中拼湊完整，對台北市的道路位置也終於有基本的概念。當時住在馬偕醫院附近的巷子裡，中山北路成爲假日常常探索的區域。

台北市中山北路不但是車水馬龍的主要道路，也是一條充滿異國風情的林蔭大道。一段，是日語呢喃、愈夜愈美，日式風情瀰漫的條通；二段最具國際大都市氣息，除了有改名爲光點台北的前美國大使官邸[1]，國際級大酒店、國際精品旗艦館、各大銀行總部林立；三段是台北的婚紗大街，還有幾家旗袍、西服名店，以及大同大學與台北美術館坐落其中；四段是圓山大飯店與圓山遺址所在地；五段於士林夜市旁，有銘傳大學與士林官邸；台北日僑學校與台北美國學校在六段；而因爲有許多外國人進駐而獨樹一幟的高級住宅區天母，主要便是位於中山北路七段。

近年來中山北路三段上，除了婚紗會館外，假日又慢慢生出了另一個國家的特色。原本洋溢幸福感的婚紗大街挪出了一隅，成爲菲律賓移工集體思鄉的「中山」[2]。

農安街至德惠街間有幾家東南亞超市，而原本金萬萬名店城一、二樓及周邊街道，假日大約有一百多家小店營業，甚至有一些假日才出現的臨時攤位，販售菲律賓料理、點心、水

1 最早是美國領事館，於1925年興建，1926年啓用。國民政府來台後仍爲美國駐台北領事館，後改爲美國大使官邸。1979年1月1日中美斷交，美國將大使官邸歸還中華民國。1997年內政部將其指定爲國家三級古蹟。1990年代末期，台積電文教基金會援助該建物重新翻修，並於2000年以「台北之家」的新風貌重現。之後侯孝賢導演與當時台北市文化局長龍應台磋商後，2002年底，台灣電影文化協會以「公辦民營」方式向台北市政府承租該古蹟建物，並取名爲「光點台北」

2 菲律賓移工稱中山北路三段，金萬萬名店城附近爲ChungShan，即中山的音譯

果、香料、鹹魚，或是一些菲律賓進口的餅乾、飲料、生活雜貨。也有美髮店、服飾店、3C產品及換匯的服務。這裡類似台中的東協廣場，只是規模較小，往來的主要是菲律賓籍移工，因而有「台北小馬尼拉」之稱。菲律賓移工之所以聚集於此，是因爲這裡有台北市少數提供菲律賓他加祿語[3]彌撒的天主堂。

一九五〇年韓戰爆發，美軍援助台灣，並在台灣成立美軍顧問團。一九六三年，台北美軍招待所成立，供駐台美軍使用。

一九六五年，隨著越戰升級，美國政府爲解決數十萬美軍度假事宜，開始在越南南部及台灣各地興建美軍招待所，較著名的還有台中清泉崗、屏東墾丁等地。台灣當時物美價廉、人民對美軍友善，因而成爲越戰時期美軍最喜歡的度假勝地。設置於中山北路與民族西路附近的台北美軍招待所[4]，範圍廣達數公頃。由於交通最便利，具都會氣息，成爲眾多美軍來台度假的首選之處。當時周邊街道，如德惠街、農安街、雙城街、林森北路等地，舶來品商店、餐廳林立，甚至還出現其他地方沒有的酒吧與夜店。一時間歌舞昇平，好不熱鬧。

興建於一九五七年的聖多福天主堂，位於台北美軍招待所附近，舊時爲了服務美軍，便提供英語的彌撒。近年來爲了服務外籍的新住民與移工，也先後推出了他加祿語、印尼語、越南語的彌撒。

一九七八年，十四層樓的匯豐大樓竣工，其中一、二樓規劃成商場——也就是金萬萬名店城。一九八〇年代，雖然台美斷交，台灣錢卻淹腳目。這裡成爲許多貴婦、女明星常來消費的舶來品與珠寶商場。當時地下室還有舞廳，日本觀光客也常到此一遊。

3 英文：Tagalogt
4 1980年代，美軍招待所及相關建築整建成現今國防部憲兵指揮部，而西側的活動空地則於1990年代改爲中山美術公園，2010年後成爲花博公園美術園區

一九八七年解嚴之後，訊息愈來愈流通，出國旅遊也便利許多，加上大型百貨公司陸續開幕，金萬萬名店城在一九九〇年代逐漸沒落。雖然中山北路以東至林森北路，民權東路以北至民族東路的晴光商圈裡，仍有幾家老字號的珠寶店、精品店屹立不搖，但商圈也慢慢轉變成台北市的美食廚房。一九九八年後，菲律賓籍移工陸續出現。經過十多年，原本沒落的金萬萬名店城，也循著東協廣場發展的類似過程，演變成台北小馬尼拉。

午後，漫步在中山北路三段的林蔭大道。今天不要試婚紗，用炸香蕉與紫山藥蛋糕當作下午茶點吧！以此感受一下週末限定的異國風情。

假日的金萬萬名店城是菲律賓移工聚集處

平日裡金萬萬名店城幾乎沒有人潮

1957年興建的聖多福天主堂，近年來也提供菲、印、越語的彌撒

菲律賓馬尼拉北邊布拉干地區的傳統餅乾，稱作gorgorya、gurgurya或golloria，是經歷西班牙統治時期而有的餅乾，可以保存很久，目前僅見於台北小馬尼拉（攝影／黃愷茹）

中山北路三段有不少菲律賓商店

蘇曼是菲律賓米糕，有非常多種不同的變化，通常用芭蕉葉或棕櫚葉包裹，照片中用棕櫚葉包裹的蘇曼，菲律賓語稱為Suman sa Ibus，特色是添加了薑黃與椰奶，顏色偏黃，是目前僅見於中山北路的一種菲律賓點心（攝影／黃愷茹）

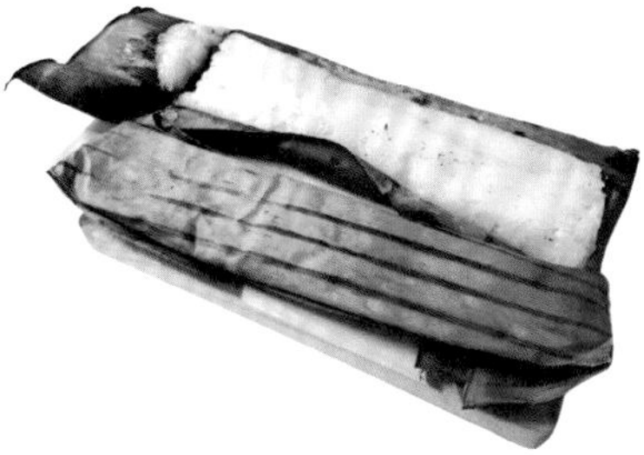
另一種蘇曼，用芭蕉葉包裹，特色是糯米用鹼水泡過並添加了椰奶，稱為Suman sa Lihiya

週末來中山北路吃菲律賓炸香蕉Banana Q吧！

菲律賓炸香蕉春捲稱為turon，與沒有包著麵皮的Banana Q不同

no.46

芭蕉

名稱 芭蕉、Chuối（越南文）、Banana（英文）
學名 *Musa* × *paradisiaca* L.
科名 芭蕉科（Musaceae）
原產地 東南亞
生育地 雜交種
海拔高 低海拔

●植物形態與生態

大草本，高可達9公尺。莖短，藏於地下，地上是葉鞘互抱而形成的假莖。單葉、叢生於假莖頂，全緣。單性花，雌雄同株，穗狀花序下垂，每段皆有暗紅色苞片包被，每段的花皆有兩層，內層爲雌花，外層爲雄花。果實爲漿果。

●食用方式

果實或花適合做菜食用的，其實不是香蕉，而是芭蕉。是東南亞的野生尖蕉（*Musa acuminata*）向西北傳播後，與原生於印度東部經中南半島北部至中國華南一帶的野生拔蕉（*Musa balbisiana*）所雜交產生的後代。而一般鮮食的香蕉則是尖蕉的三倍體。雖然英文都稱爲Banana，中文也常都統稱香蕉，但是芭蕉果實通常較香蕉短，稜也較明顯，果肉更Q彈，適合做菜。以花來看，菜用芭蕉的小花有紫紅色條紋，這也與香蕉不同。

上：市場販售芭蕉花的花序
中：忠貞市場販售的辣炒芭蕉花，才是使用真正芭蕉的管狀花朵
下：芭蕉花的紅色苞片切絲可做生菜沙拉

道地的越南番茄螃蟹米線Bún riêu cua上會加的芭蕉花絲，是芭蕉花的紅色苞片所切成的絲

芭蕉假莖

緬甸街魚湯麵中會加入芭蕉的假莖

東南亞各國常使用芭蕉葉包各式鹹甜小點

忠貞市場菜攤販賣的芭蕉葉

高大的芭蕉

CHAPTER 13

木柵越南街

越戰結束的影響

台北木柵，是越南華僑來台後主要的聚居之處，

也是台北市越南商店最多、最集中的區域。

日子久了之後，除了越南華僑與新住民，

木柵附近的東南亞移工，也會到

木柵或木新市場，找尋故鄉的味道。

Muzha, Taipei

上小學前，我曾在木柵生活了一個月。雖然印象已十分模糊，只依稀記得動物園與附近的菜市場，木柵卻成爲我幼年四處遷移的一頁紀錄。大學時在公館念書，開始利用課餘時間探索木柵，拼湊模糊記憶。原本必須先經過公館，接著穿過辛亥隧道或興隆路到達的區域，在發現經過秀朗橋可直達的路線後，也有了更多的可能。

木柵雖還稱不上是山城，路卻是高高低低。這裡是大學生夜遊貓空必經之地，有動物園、少數主祀呂洞賓的指南宮、政大、世新、考試院，以及在木柵而不在景美的景美女中。這兒還有我學生時期最喜歡的光明戲院、高高低低的小山丘與登山步道。不論何時到訪，抬頭總能感受到綠意。除此之外，台北木柵是越南華僑來台後主要的聚居之處，也是台北市越南商店最多、最集中的區域。目前主要位於木柵市場與木新市場周邊。

木柵市場附近，指南路上的越南商店與開元街的文如越南食品，據說是台北最早專賣越南食品與雜貨的商店。此外，保儀路上也有幾間越南餐廳。另一個較集中的地方是木新市場周邊，在市場內及北側的巷道有幾家越南雜貨店，鄰近也有越南小吃店。這兩處的越南商店，有幾家原本是在安康市場內，一同構成越南新娘與移工間曾口耳相傳的「越南街」。

指南路的越南商店目前是第二代老闆經營，他是越南華僑，一九八八年與父母親舉家移民到台灣，母親與舅舅於一九九六年開始在安康市場內經營越南商店，販賣東南亞料理所需的佐料。不過由於一開始台灣跟越南鮮少往來，所以只能從泰國尋找一些與越南飲食習慣類似的佐料來賣。當台灣與越南因爲南向政策有更多的交流之後，便直接從越南進口一些當地的食品與雜貨。許多越南新住民慕名而來，姊弟倆生意日漸興隆，於是承租了相鄰的攤位擴大營業。後來越南商店由二代接手，與舅媽各自經營，區分成越南商店與文如越南食品。

經營四十多年的木柵光明戲院
已於2013年熄燈

這兩家店的第一代老闆是早年從海南島移居越南的華人。順利在安康市場開店後，又介紹同是來自海南島、來台也都住在安康社區的越南華人同鄉來經營越南小吃，並提供佐料與部分食材。小吃店老闆的子女陸續來台後，則在空出的攤位上經營兩家金飾店。後來金飾店老闆娘娶越南媳婦，善用媳婦的手藝開始經營美容生意，還兼賣越南CD、機票與旅遊行程。一旁的算命攤雖不是越南華僑，卻也掛起越南文的招牌，雨露均霑。這個台灣人不太願意來的區域，以越南符號建構出氛圍獨特的飛地[1]。直到二〇〇六年安康市場關閉後，原本越南街的店家才陸續移出，各自到木柵市場或木新市場周邊另起爐灶。

日子久了之後，除了越南華僑與新住民，木柵附近的東南亞移工也會到木柵或木新市場，找尋故鄉的味道。漸漸地，除了越南會使用的雜貨，這些店家也販賣起泰國、馬來西亞、印尼才會食用的臭豆，以及印尼比較喜歡用的香料，如丁香、肉豆蔻、白豆蔻、石栗。當然，檸檬羅勒種子這類越南愛喝的清涼飲料，來越南街必定找得到。細如沙的黑色種子泡在水中，外層的假種皮會膨脹，就如同我們熟悉的山粉圓。

木柵市場周邊的越南商店

木新市場內外的越南商店

1 飛地是一種人文地理的概念，意思是指某個地理區內有一處屬於他地的區塊

一九七五至一九七九年陸續完工啓用的安康平宅，是台北市社會局安置低收入戶、獨居老人、身心障礙者，以及越戰後撤台華僑之處。由於鄰近區域缺乏市場，社區周邊聚集了上百個流動攤販，被認爲有礙市容，市政府於是在一九八四年將這些攤商安置到新建的安康市場。到了一九九〇年代末期，安康市場也依循著其他地區東南亞市集興起的模式，逐漸發展出「越南街」。

安康市場的位置偏僻，生意一直都不好，加上超市、量販店興起，瓜分了傳統市場的客源，許多攤商紛紛歇業。空出的攤位、便宜的租金，加上台灣人不來，正好成了越南街興起的契機，如同沒落的第一廣場與金萬萬名店城。不過，這裡是由一家店號召，兩個華僑家族的成員經營，逐漸變成一個異國風的小區，與台灣各地東南亞街又十分不同。木柵這些越南商店的老闆與客人，多半是來自越南、柬埔寨或寮國的華僑，在中南半島動盪時攜手來台依親。他們是越戰後被迫遷移的一群，見證了大時代的悲劇與無奈。

一九七五年，長達三十年的越戰終於結束，隔年南北越統一。原本在戰爭中相對不受戰火影響的西貢市被占領後，越南政府開始將南方私人企業收歸國有，導致不少越南華人財產被沒收。不願接受北越社會主義改造的大批南越難民紛紛出逃。

木柵安康社區

中國在越戰時期雖是北越的主要支持者，北越獲勝後卻沒有成爲中國的盟友，反而選擇向蘇聯靠攏。越南和蘇聯簽訂了《蘇越友好合作條約》，一方面協助蘇聯牽制中國，一方面獲得蘇聯援助，於一九七八年出兵柬埔寨。

越南不僅入侵中國在東南亞的盟友柬埔寨，也頻頻騷擾中國邊境，同時占領南海許多島嶼。這些挑釁舉動終於引發了一九七九年的中越戰爭，導致兩國關係持續惡化。越南在無止境的烽火之中與世界隔離，經濟也因此崩盤。一九七〇年代末期，大約有一百五十萬越南難民乘船離開。鄰近的香港在聯合國的規劃下，成爲越南難民的指定接收地，建立了許多越南難民營，直到二〇〇〇年。

南北越統一後，受到最嚴重壓迫的是華人。越南進行華人大清洗，強迫華人接受無窮無盡的「忠誠測試」。許多在越南生活了數代的華人，因受不了壓迫而選擇離開。除了香港，台灣也接納了近六千位越南華僑。

不是只有木柵，內湖的大華新村也安置不少當時從越南與寮國撤離的華僑，有數家越南小吃店，因此被稱爲「越南村」。只是十分特殊的是，內湖的「越南村」除了越南華僑外，也有台灣籍老闆經營的越南小吃店。這裡意外成爲台灣本地饕客品嚐越南風味的地點，越南籍配偶的身影反而少了。

越南街也好，越南村也罷，除了河粉、鴨仔蛋、法國麵包外，那些藏在料理中的香草、香料，如越南芫荽、越南毛翁、魚腥草，這些才是重現越南印象最重要的味道。少了這些，就像是走了音的歌曲，走了味的美食，越南都不越南了。

木柵安康社區居民栽種越南料理常用的假蒟

木柵的越南商店也有販售不少印尼雜貨

內湖大華新村的越南小吃店周邊，栽種越南料理常用的假蒟、大野芋、香茅、香蘭、越南甜菜等植物

no.47
檸檬羅勒

名稱 檸檬羅勒、甲曼尼、แมงลัก（泰文）、Kemangi（印尼文）、Lemon basil（英文）
學名 *Ocimum* × *africanum* Lour./*Ocimum* × *citriodorum* Vis.
科名 唇形科（Lamiaceae）
原產地 雜交種
生育地 人工育種
海拔高 平地

●植物形態與生態

直立草本或亞灌木。單葉，對生，全緣。花細小，輪繖花序頂生。堅果細小。適合栽培在熱帶。

●食用方式

檸檬羅勒的泰文是แมงลัก，轉寫爲maenglak，印尼文Kemangi，台灣的業者音譯做甲曼尼。是印尼料理中唯一使用的羅勒，也是整個東南亞地區都會使用的羅勒品種。在泰式料理中通常是用來煮湯、煮麵，或是加入咖哩中。

看起來像種子的細小果實，泡水後膨脹，類似山粉圓那樣飲用，或是用來製作冰淇淋等各種甜點。不論是新鮮的香草還是乾燥種子，各地的東南亞菜攤與超市都很常見。

上：商店、菜攤皆有販售檸檬羅勒
下：檸檬羅勒的種子泡水可以做成類似山粉圓的甜點，所以常被稱為越南山粉圓

no.48
叻沙葉

名稱 越南芫荽、叻沙葉、香辣蓼、Rau răm（越南文）、**ผักแพว**（泰文）、daun kesum、（馬來文）、Vietnamese coriander（英文）

學名 *Persicaria odorata* (Lour.) Soják

科名 蓼科（Polygonaceae）

原產地 泰國、寮國、柬埔寨、越南、馬來西亞

生育地 濕地

海拔高 低海拔

●植物形態與生態

多年生水生草本，莖直立，紅褐色。單葉，互生。基部常有酒紅色V型斑塊。穗狀花序頂生，瘦果。

左：叻沙葉的花
右：水田裡的叻沙葉

市場販售的叻沙葉

●食用方式

常會跟俗稱越南香菜的刺芫荽搞混。味道跟香菜類似，卻又有所不同。越南吃鴨仔蛋或河粉的時候，常會使用叻沙葉，也有人當生菜沙拉吃。據說除了香菜味，還有淡淡的甜味。

不過，叻沙葉倒不是叻沙湯底必備的香料。叻沙種類多樣，製作方式各有巧妙，只有用魚湯爲湯底的亞參叻沙使用叻沙葉。我向泰國、馬來西亞、新加坡、印尼等國家會做菜的朋友求證過，上述國家製作叻沙湯時，大部分都不會使用叻沙葉。用泰文或馬來文來查，也都查不太到有使用叻沙葉製作叻沙湯的資料。我推測是英文的維基百科先說它是叻沙的製作材料，進而影響了中文的資料。全台各地販售東南亞香草的攤位皆有，全年可見。

no.49

越南毛翁

名稱 越南毛翁、水薄荷、越南薄荷、三葉紫蘇草、三角葉、Ngò ôm（越南文）、**ผักแขยง**（泰文）

學名 *Limnophila aromatica* (Lam.) Merr.

科名 車前科（Plantaginaceae）

原產地 中國南部、東南亞、澳洲、台灣南部、日本

生育地 曠野池塘邊水濕處

海拔高 0 ～ 1200m

● 植物形態與生態

挺水性草本，莖直立，分枝於基部。單葉，對生或三葉輪生，鋸齒緣。莖、葉背、花萼都有毛。花紫色，單生於葉腋。

它是亞洲熱帶地區廣泛分布的植物，但是各國境內的形態都有所差異，是植物分類上還有待釐清的物種。以拉丁文學名下去查，會發現台灣稱之爲紫蘇草，維基百科卻叫它中華石龍尾。台灣南部自生的紫蘇草，乍看之下跟越南毛翁很像，但仍有差異。

水田裡的越南毛翁

● 食用方式

毛翁是音譯自越南文Ngò ôm。在越南料理中通常剁碎加入湯或越南春捲中，也可以當生菜吃，有一種淡淡的檸檬草混薄荷的香氣。它的拉丁文學名種小名*aromatica*是「具有芳香」之意。東協廣場的菜攤四季可以見到。除了食用外，水族業者也將越南毛翁做爲水草栽培，稱之爲三角葉。

市場上待售的越南毛翁

no.50

魚腥草

名稱	魚腥草、折耳根、蕺菜
學名	*Houttuynia cordata* Thunb.
科名	三白草科（Saururaceae）
原產地	中國南部、中南半島、台灣、日本、韓國
生育地	林下或溪澗旁陰濕處
海拔高	低海拔

●植物形態與生態

草本，直立莖高約20公分，匍匐莖於節上生根。單葉，互生，全緣，托葉與葉柄基部合生成翹狀。花十分細小，無花瓣與花萼，排列成短短的穗狀花序，花序下方具四片白色苞片，彷彿是一朵花，花序與葉片對生。蒴果極細小。

左：台灣野外陰濕的環境常可見魚腥草
右：魚腥草的花序有四枚白色苞片

左：市場待售的魚腥草；右：忠貞市場販售魚腥草的莖

●食用方式

魚腥草全株具有魚腥味，是藥用植物也是野菜。中國與日本自古皆有食用，煮過後便沒腥味。早期台灣經濟還不發達的年代，魚腥草算是常食用野菜。由於魚腥草性涼，也是青草茶中幾乎都會加入的一味。不過隨著經濟發展，台灣愈來愈少人食用魚腥草，年輕一輩甚至都不知道這種野菜。反倒是東南亞菜攤上，幾乎固定會販賣魚腥草，莖、葉都有人愛。它是越南與柬埔寨新住民與移工特別喜愛的蔬菜，而且幾乎都是生吃，雖然有腥味，但是喜愛者就如同愛吃臭豆或榴槤一般。

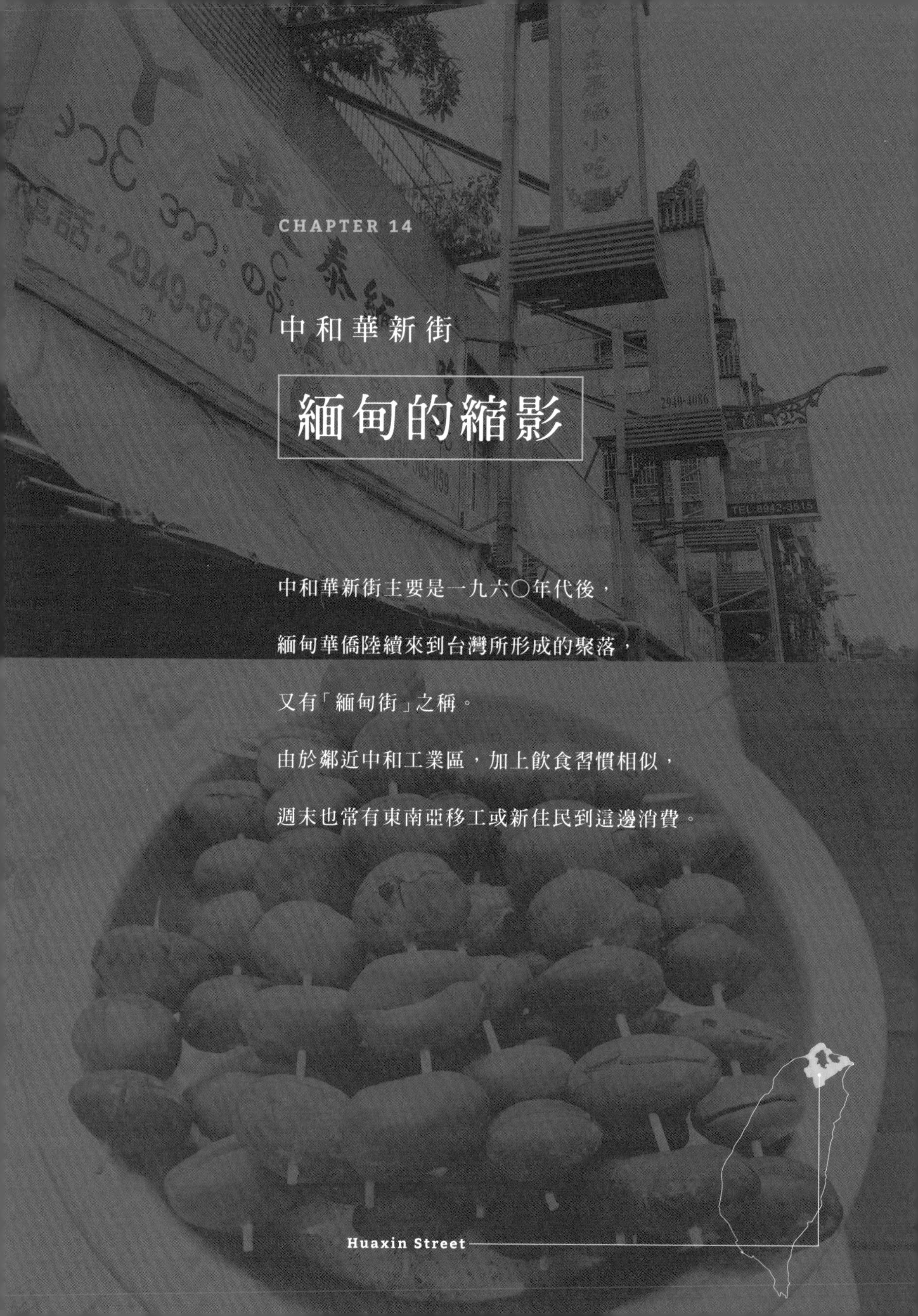

CHAPTER 14

中和華新街

緬甸的縮影

中和華新街主要是一九六〇年代後，

緬甸華僑陸續來到台灣所形成的聚落，

又有「緬甸街」之稱。

由於鄰近中和工業區，加上飲食習慣相似，

週末也常有東南亞移工或新住民到這邊消費。

Huaxin Street

因爲道路複雜，天下雜誌二〇〇一年的《319鄉向前行》特刊稱中永和爲「迷宮城市」，網路上有人開玩笑說雙和地區是台北的百慕達三角洲，甚至還流傳了一首〈中永和之歌〉的打油詩，說明雙和地區道路的複雜程度，熟悉雙和地區的人看到大概都是會心一笑吧！

我讀大學以後在永和居住了六年，對台北雙和地區特別親切與熟悉。雙和地區除了聚集了台灣各縣市的外來人口，還有大陳義胞、韓國華僑與緬甸華僑，形成大陳社區、韓國街與緬甸街的特殊風景。不僅有知名永和豆漿，還可以在永和西北邊嚐到大陳年糕，在中興街買到韓國舶來品，也可以在中和華新街享用緬甸美食。

中和華新街主要是一九六〇年代後，緬甸華僑陸續來到台灣所形成的聚落，又有「緬甸街」之稱。由於鄰近中和工業區，加上飲食習慣相似，週末也常有東南亞移工或新住民到這邊消費。除了緬甸餐廳、小吃外，早上菜市場也會販售各式新鮮的東南亞蔬果與香料植物。

一九六二年吳尼溫奪取政權，廢除聯邦憲法，開始獨裁統治，實施一連串對華裔及外僑不友善的政策，緬甸華僑開始陸續藉由移民或依親方式遷移至台灣、香港、澳門、新加坡或歐美。一九六七年緬甸甚至發生排華虐殺事件，許多世居於緬甸的華僑紛紛逃離，大規模移民到中國或台灣。

目前居住在台灣的緬甸華僑大約十萬人，其中約有八萬人在新北市，光是中和南勢角一帶就聚居了四萬人左右。從緬甸南部仰光過來的移民，在中和、永和、

華新街上店家招牌多是緬甸文與中文並列

新店、板橋、土城一帶最多。原本住在上緬甸的居民，則多半聚集在士林、桃園、中壢。一開始華新街只有三戶緬甸華僑居住，而因爲工業區就業方便，加上親友間互相推薦，緬甸排華事件後來台的華僑幾乎都落腳在華新街一帶。

目前華新街上有四十多家緬甸小吃店或餐廳，還有雜貨店、服飾店等各行各業，一百多家商店，多半是由緬甸華僑經營，招牌上寫著緬甸文，而這一切都是從一九六三年第一家緬甸餐廳「李大媽小吃」開始。在那之後，緬式料理陸續出現，成爲南勢角一帶的特殊風景，也填補了緬甸華僑的鄉愁與味蕾。

雖然儀式稍有差異，緬甸也有潑水節文化，人們會在節日時配戴俗稱潑水節花的印度紫檀於頭上。其飲食習慣雖然跟泰國類似，卻又有所不同。又因爲鄰近中國雲南與印度，華新街上華僑經營的飲食店，除了道地的緬店口味外，也有印度小吃以及雲南擺夷料理。

菜市場裡常出現各種我們不熟悉的植物。最具代表性的，首推串成串燒一般的緬甸臭豆，這是緬甸華僑愛吃的小點心。洛神葉、藤金合歡則是羅望子以外的酸味蔬菜；撇菜根、棕苞米更是華新街季節限定的特殊食材。甚至台灣種苗商曾推行過所謂的奇蹟植物——辣木，也悄悄在這裡出現。還有中藥材刺五加，華新街稱爲苦簽簽，來源據說是忠貞市場。除了藥用，嫩葉跟嫩芽在雲南、緬甸東部與泰國北部都會作爲蔬菜食用。

近幾年流行的植物燕窩——雪燕，是花斑蘋婆的樹脂，緬甸街華僑們早已進口食用。而緬甸拜拜用的傲搭杯，華新街上只有一家在賣，其實正是台灣常見的肯氏蒲桃。還有可以塗在臉上當保養品的黃香楝——俗稱特納卡，雜貨店裡可以找到整塊的段木，以及加工製

緬甸街也有幾家店販售印度烤餅

成的保養品。而泡茶用的木敦果是芸香科的硬皮橘，也稱爲木蘋果，離開華新街，大概只有桃園的忠貞市場零星可見，台灣其他地方還眞不容易找到這些植物產品。

植物，離我們生活並不遙遠，食衣住行都需要植物，可以說植物就是我們文化的一部分。走趟華新街，來碗道地的緬甸魚湯麵，吃看看緬甸臭豆，從植物與飲食開始感受華新街的魅力吧！

中和華新街主要是一九六〇年代後，緬甸華僑陸續來到台灣所形成的聚落，又有「緬甸街」之稱

華新街的菜市場可以見到洛神葉、辣木葉、藤金合歡、叻沙葉、刺芫荽等東南亞蔬菜

華新街的商店可以買到各式各樣自緬甸進口的雜貨

攝影／王秋美博士

no.51

木敦果

名稱 硬皮橘、木蘋果、木敦果、貝兒果、孟加拉木瓜、bael、Bengal quince、stone apple、wood apple（英文）

學名 *Aegle marmelos* (L.) Corrêa

科名 芸香科（Rutaceae）

原產地 印度、尼泊爾、孟加拉、中國南部、中南半島

生育地 乾燥森林或龍腦香林

海拔高 0 ～ 1200m

●植物形態與生態

喬木，高可達20公尺，小枝有長刺。三出複葉，小葉鋸齒緣或全緣，新葉暗紅色。花綠白色，複聚繖花序或總狀花序，腋生。漿果球形，成熟時黃色，果皮極硬。

木敦果是三出複葉
（攝影／王秋美博士）

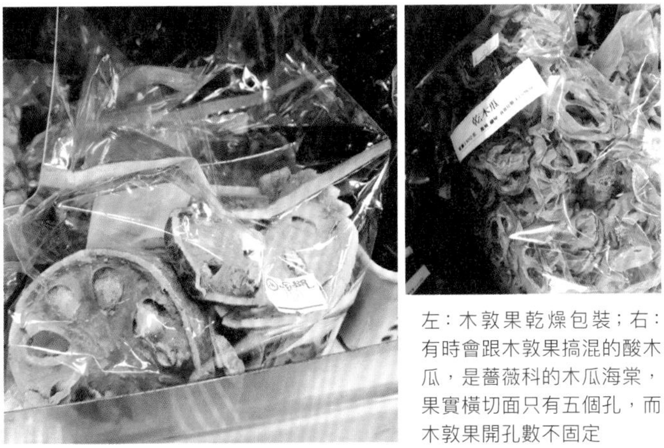

左：木敦果乾燥包裝；右：有時會跟木敦果搞混的酸木瓜，是薔薇科的木瓜海棠，果實橫切面只有五個孔，而木敦果開孔數不固定

●食用方式

木敦果跟象橘都有wood apple這樣的英文俗名，所以有時又被稱為木蘋果。也有將英文bael翻譯為貝兒果，或將英文Bengal quince翻譯為孟加拉木瓜或孟加拉榲桲。

台灣最早於1937年引進，早期稱之為硬皮橘，栽培可能比象橘還少。華新街的雜貨店可以買到乾燥的果實切片，可用來泡茶，具有一種特殊的酸味。

攝影／王秋美博士

no.52

黃香楝

名稱 象橘、木蘋果、黃香楝、特納卡、သနပ်ခါး（緬甸文）、wood-apple、elephant-apple（英文）

學名 *Limonia acidissima* L./ *Feronia limonia* (L.) Swingle

科名 芸香科（Rutaceae）

原產地 印度、斯里蘭卡

生育地 乾燥落葉林

海拔高 1000m以下

● 植物形態與生態

喬木，高可達20公尺，小枝有長刺，腋生。一回羽狀複葉，小葉全緣，倒卵形，葉軸有翼。單性花，雌雄同株或僅有雄花，黃綠色，圓錐花序，頂生。漿果球形，果皮極硬。

黃香楝就是象橘的枝幹
（攝影／王秋美博士）

華新街特有的黃香楝樹枝與磨具

黃香楝肥皂

華新街雜貨店販售的黃香楝保養品

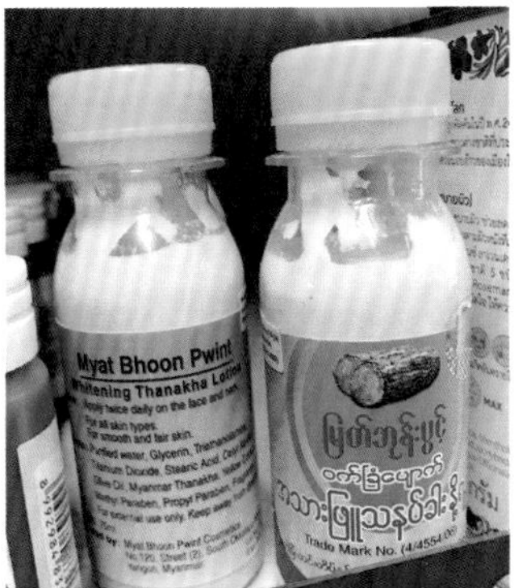

忠貞市場的雜貨店也有販售黃香楝粉

● 食用方式

緬甸所使用的黃香楝，緬甸文是သနပ်ခါး，轉寫成sa. nap hka或thanaka、thanakha，直接音譯做特納卡，是一種淡黃色的皮膚保養品，具淡淡的香氣，又可以防蚊，主要是小孩與婦女在使用。華新街上有販售整段的樹幹跟將之磨成粉的器具，還有黃香楝加工製成的香皂。除了緬甸外，鄰近的國家（如泰國）也受其影響而使用。

可以做黃香楝的樹主要有二，象橘與一種月橘屬的植物（*Murraya* sp.）。台灣有不少人栽培象橘，只是一般都稱之爲木蘋果。又因爲象橘和木敦果（*Aegle marmelos*）的英文都稱爲wood apple，所以常搞混。其實這是兩種完全不同的植物，象橘是一回羽狀複葉，果實雖可鮮食，但是一般多用來做果醬；木敦果是三出複葉，果實鮮食即十分美味。象橘於1919及1935年都曾引進，台灣中南部有少數栽培，一般都只知道果實可以食用或藥用，較少人知道象橘樹幹可以做黃香楝粉。

no.53

緬甸臭豆

名稱 緬甸臭豆、稀花猴耳環、得英蒂豆、တညင်းသီး（緬甸文）、jengkol（印尼文）、jering（馬來文）

學名 *Archidendron pauciflorum* I.C. Nielsen/ *Archidendron jiringa* (Jack) Nielsen

科名 豆科（Fabaceae or Leguminosae）

原產地 孟加拉、緬甸、泰國、馬來西亞、蘇門答臘、爪哇、婆羅洲、菲律賓

生育地 常綠原始雨林和次生林

海拔高 0 ～ 1200m

● 植物形態與生態

棋子豆屬的小喬木，樹幹通直，高可達24公尺。二回羽狀複葉，由兩片大小一樣的一回羽狀複葉呈二叉狀生長於葉柄頂端。小葉對生或稍對生，全緣或波狀緣，葉柄基部有腺點。花絲多且細長，白色，疑似繖形花序呈圓錐狀排列，腋生或頂生。莢果成熟時會開裂，環繞成圈，節節分明，於種子處膨大，故又稱為猴耳環。種子扁圓形，比50元硬幣還大。

帶殼的緬甸臭豆
（攝影／ Mingalar par 緬甸街編輯團隊）

緬甸臭豆的小苗

●食用方式

認識緬甸臭豆的時間不長。有一回科博館王秋美博士傳來在台中東勢路邊拍到的緬甸臭豆葉子，問我是否認識。當時不曾見過如此特殊的羽狀葉，因此印象深刻。後來得知它是緬甸臭豆後，又在袁緒文小姐的文章中看到印尼新住民食用緬甸臭豆的文化，且得知華新街有販售，因而開啓了我尋找緬甸臭豆之旅。

緬甸臭豆並不是緬甸特產，只是爲了跟一般綠色的臭豆區別。緬甸文稱之爲တညင်းသီး，念起來類似da nyin thee，因此也有中文音譯爲得英蒂豆。

某個週末，王秋美博士跟董景生博士先替我購得了新鮮的緬甸臭豆，而後又在楊萬利小姐的引領下，順利嚐到它的滋味。華新街除了販售成串煮熟的緬甸臭豆，自助餐店中也有緬甸臭豆的料理，雜貨店則有冷凍的緬甸臭豆，只是標識常會寫成臭豆的學名*Parkia speciosa*。除了緬甸外，泰國、印尼等國也會以緬甸臭豆入菜，因此台北車站地下街及東協廣場的印尼商店也可以找到已經剝好、眞空包裝的緬甸臭豆，可是包裝上卻寫成馬鈴薯。印尼自助餐也有使用緬甸臭豆煮咖哩。

口感有點類似煮熟的栗子，但更爲綿密。生豆有類似臭豆的瓦斯味，煮熟後也有，但味道比臭豆略淡一些，同樣有苦味。當然，食用後也跟臭豆一樣，流汗或排氣均會有臭味。部分資料顯示緬甸臭豆有微毒，切勿生食，熟豆也不能食用太多。

上：印尼超市冷凍進口的緬甸臭豆
中：印尼自助餐廳的咖哩緬甸臭豆
下：印尼超市緬甸臭豆口味的餅乾

水煮的緬甸臭豆串

生的緬甸臭豆

no.54

洛神葉

名稱	洛神、**กระเจียบ**（泰文）
學名	*Hibiscus sabdariffa* L.
科名	錦葵科（Malvaceae）
原產地	中非或西非
生育地	草地或灌叢
海拔高	0～600m

●植物形態與生態

一或二年生直立草本，高可達3公尺。單葉，互生，三角形或三到五裂，鋸齒緣。花大型，黃色泛淡紅色，單生於葉腋。總苞星狀，基部與花萼相連。花萼暗紅色，授粉後發育成肉質的果實，果實為蒴果。

左：洛神的植株
右：洛神的花朵與果實

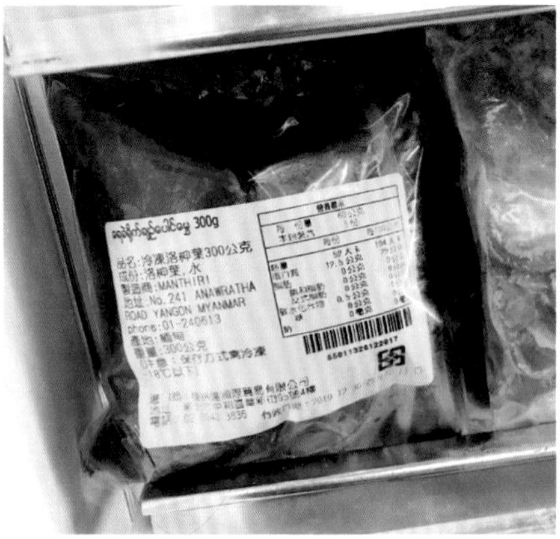

左上：華新街市場跟雜貨店常可見到新鮮的洛神葉；右：華新街雜貨店也有販售冷凍的洛神葉；左下：秋天市場上常見洛神的果實

●食用方式

洛神果實就是大家熟悉的洛神花的材料，可以加工做成蜜餞、果醬、果汁。莖幹纖維也可以做麻繩。但是台灣鮮少食用洛神葉。其實緬甸、越南、菲律賓等國家會將洛神葉當作蔬菜，用來煮酸湯，或是和肉類食物一起煮以增加酸味。華新街菜市場或雜貨店，週末可見新鮮的洛神葉。

藤金合歡的豆莢

no.55

藤金合歡

名稱 藤金合歡、小合歡、酸子藤、တရွေ 、တရော်（緬甸文）
學名 *Acacia concinna* (Willd.) DC./*Acacia sinuata* (Lour.) Merr.
科名 豆科（Fabaceae or Leguminosae）
原產地 印度西南、中國南部、中南半島、馬來西亞、印尼、菲律賓
生育地 潮濕森林至落葉林林緣或林內孔隙、疏林、灌叢
海拔高 1400m 以下

● 植物形態與生態

木質藤本，枝條具硬刺。二回羽狀複葉，互生。托葉心形，早落。花白色或淡黃色，頭狀花序，圓錐狀排列。莢果有明顯的節。廣泛分布於亞洲熱帶及亞熱帶地區。

華新街市場待售的藤金合歡

左：藤金合歡的嫩葉有明顯的托葉
右：華新街的商店有販售藤金合歡樹皮製成的洗髮用品，要加豆莢一起煮來使用

● 食用方式

2018年6月，王秋美博士跟董景生博士在華新街菜市場發現藤金合歡的身影，試吃發現，味道像羅望子一樣酸酸的。經過幾天的努力，王博士終於解開它的身世之謎。後來董景生博士又在華新街商店買到可以用來洗頭髮的酸子藤乾，查詢多日，在楊萬利小姐與緬甸文老師的協助下找到了製作原料的緬甸文，翻譯後沒想到竟也是藤金合歡。

藤金合歡含皀苷，將其果實、葉子、樹皮乾燥磨成粉，可做為天然的肥皀或清潔劑，稱為shikakai，目前已被開發生產洗髮精、沐浴乳等商品。此外，其嫩葉可食用，具有類似羅望子的酸味。目前僅知中和華新街有販售。

棕苞米的米粒即棕櫚的小花

no.56

棕苞米

名稱 棕櫚、棕包米、棕苞米、棕苞花、棕筍、棕魚
學名 *Trachycarpus fortunei* (Hook.) H. Wendl.
科名 棕櫚科（Palmae）
原產地 印度、中國南部、緬甸北部、日本南部
生育地 疏林
海拔高 2000m以下

●植物形態與生態

喬木，樹幹通直，單生，高約10公尺，舊葉鞘宿存，呈黑色網狀纖維包覆樹幹。掌狀葉，葉柄長。單性花，雌雄同株或異株。肉穗花序腋生。果實為核果，腰果狀，成熟時藍黑色。

棕包米炒肉絲

●食用方式

棕包米是棕櫚未露出頭的花序，肉質。在冬末春初仍包於黑網狀鞘時就要採收。適合炒肉絲或煮魚湯。它跟撇菜根一樣，是楊萬利小姐所提供的資訊，料理前先川燙，口感脆而味苦。大約在農曆年前後會出現在華新街的菜市場，是華新街餐廳的隱藏版菜單。

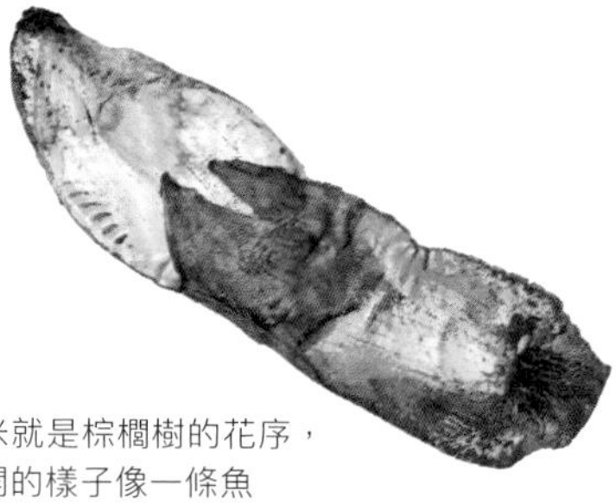

棕苞米就是棕櫚樹的花序，未剝開的樣子像一條魚

開花的棕櫚樹

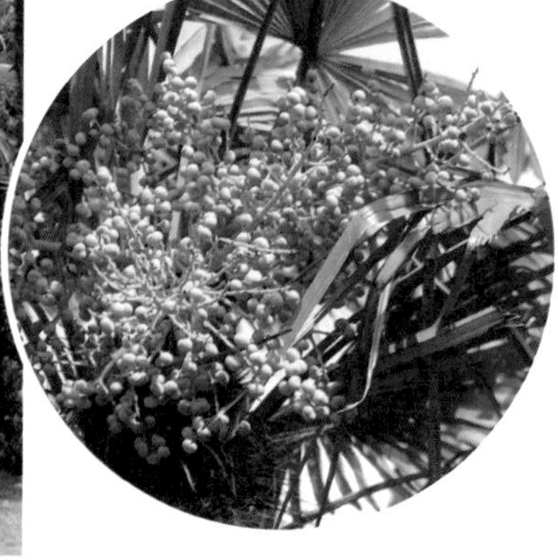

棕櫚樹的果實（攝影／王秋美博士）

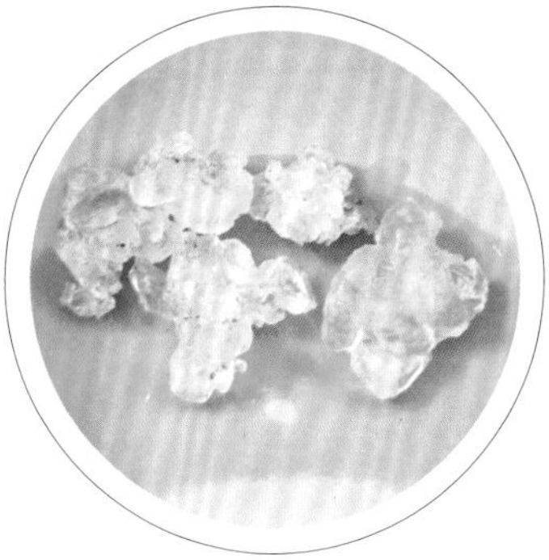

no.57
雪燕

名稱 花斑蘋婆、雪燕、ဆဒေးကုလားမ（緬甸文）
學名 *Sterculia versicolor* Wall.
科名 錦葵科（Malvaceae）／梧桐科（Sterculiaceae）
原產地 印度、孟加拉、緬甸
生育地 潮濕常綠森林或乾燥石灰岩森林
海拔高 低海拔

●植物形態與生態

喬木，樹幹通直。掌狀複葉，互生，全緣，葉柄細長，葉及葉柄均被細毛。托葉三角形，生於葉柄基部，早落。單性花，雌雄同株，圓錐花序，腋生。花被先端五裂向內彎曲，與頂端黏合，雄花淡黃色，雌花橘紅色。蓇葖果。

雪燕樹苗

上：泡水後的雪燕像果凍一般
左：煮過的雪燕像冬粉一樣一條一條
右：華新街雜貨店販售乾燥的雪燕

●食用方式

近年來中國、緬甸、印度等地區流行所謂的「雪燕」，其實是蘋婆類植物的樹脂，又稱植物燕窩或樹燕窩，主要有三種：印度的膠蘋婆（*Sterculia urens*）所產的稱爲啫喱雪燕；越南、印尼所產的雪燕是採自絨毛蘋婆（*Sterculia villosa*）；而緬甸產的雪燕則採集自花斑蘋婆。緬甸的雪燕又稱緬甸燕窩，因爲吸水煮熟後可以拉出絲來，又稱爲「拉絲雪燕」。以緬甸產的雪燕爲例，乾燥的雪燕呈半透明、不規則顆粒狀。泡水後可以膨脹約三、四十倍。大約煮十至十五分鐘後會出現細絲狀，類似冬粉。口感滑嫩而沒有任何味道，食用方式類似燕窩，可用冰糖或牛奶燉煮後食用。

台灣大約在2017至2018年引進花斑蘋婆，有少數人栽培。而乾燥的雪燕，華新街上的雜貨店或緬甸餐廳皆可見到，只是包裝上往往寫成海燕窩。網路上也有人販售。

no.58

傲搭杯

名稱 傲搭杯、肯氏蒲桃、堇寶蓮、佳孟果、閻浮樹、အောင်သပြေ（緬甸文）、Jambolan、Jamun（英文）

學名 *Syzygium cumini* (L.) Skeels

科名 桃金孃科（Myrtaceae）

原產地 印度、斯里蘭卡、不丹、尼泊爾、中國南部、中南半島、馬來西亞、印尼、菲律賓

生育地 熱帶潮濕森林至乾燥森林

海拔高 0～（1200）1800m

● 植物形態與生態

大喬木，高可達30公尺。單葉，對生，全緣，新葉紅色。花白色，中心處橘黃色，較細小，聚繖花序腋生。果實橢圓球狀，成熟時紫黑色。

傲搭杯的花

傲搭杯的小苗

● 食用方式

傲搭杯是緬甸拜拜用的植物，音譯自緬甸文အောင်သပြေ，轉寫爲Aung Tha Pyay。華新街上有一家店會販賣新鮮枝條供拜拜使用。

傲搭杯在台灣更爲人熟悉的名稱是肯氏蒲桃，名字來自拉丁文種小名。英文稱爲Jambolan或Jambolang，所以台灣早期曾翻譯做堇寶蓮。又因稱爲Jamun，2010年後常被種苗商叫做佳孟果。俗名還有非常多，像是閻浮樹、海南蒲桃、印度藍莓等。由於台灣幾乎都是栽培實生苗的緣故，變異極大。有的好吃，但更多都是酸味及澀味較重不好吃的種類，很少人採食。廣泛分布於南亞與東南亞，1910年便引進台灣，全台各地普遍栽植。

華新街上販賣供拜拜用的傲搭杯

傲搭杯就是台灣常見的行道樹肯氏蒲桃

CHAPTER 15

桃園後火車站與中壢火車站

泰國街不泰國

桃園擁有全台最多的東南亞移工，

新住民人數也是全台第二，

加上還有早期來自緬甸的華僑與泰緬孤軍定居，

使桃園成爲北部重要的東南亞蔬果與香料的集散地，

桃園及中壢火車站都聚集了非常多的東南亞商店。

Taoyuan Station and Zhongli Station, Taoyuan

對於從中南部到台北念書的學生，亦近亦遠的桃園與中壢，彷彿只是火車站的站名。明明離台北很近，卻鮮少踏入。感覺只要在大台北地區，就可以滿足一切生活所需。

其實，桃園可說是台灣製造業最密集的地區，工業產值最高的縣市，也因爲這樣的關係，桃園擁有全台最多的東南亞移工。此外，桃園的新住民人數也是全台第二，加上還有早期來自緬甸的華僑與泰緬孤軍定居，使桃園成爲北部重要的東南亞蔬果與香料的集散地。以交通便利的火車站周邊來說，桃園及中壢兩大車站都聚集了非常多的東南亞商店。

桃園沒有類似東協廣場這樣的大樓，東南亞商店主要集中在後火車站的馬路上。正對後火車站出口的延平路，以及與之垂直的建國路所形成的十字區塊是所謂的「泰國街」。不過現在桃園的泰國街沒有泰國風，泰國商店很少，反倒是越南與印尼商店特別多，這情況跟台中十分類似。

泰國街形成初期以泰國籍移工爲主要消費客群。後來泰國移工來台人數愈來愈少，泰式小吃店也跟著縮減。反之，越南與印尼餐廳則漸漸替代了

桃園後火車站的泰國街上有泰國、越南、印尼商店

早期的泰式小吃店，這才使得泰國街不泰國。

仔細觀察，從桃園後火車站一出來，右手邊兩家雜貨店的騎樓，是泰國街上東南亞蔬果及香草的主要販售處，假日會聚集許多移工與新住民。常見的蔬菜與香草幾乎跟台中一樣，守宮木、白霞這裡都有，黃花藺、小圓茄、水合歡也都找得到，我還曾在這兒記錄到刺蜜薯。而目前僅存的幾家泰國餐廳在延平路靠近大林路這段，平日喜歡吃泰式料理的台灣饕客也會前往消費。延平路中段是以越南店家爲主，最南邊才是印尼商店的地盤，這可能跟伊斯蘭信仰爲了避免食物汙染有關。而建國路的越南店家也不少，推測是近年來越南移工人數增加才新進到這個商圈的店家。另外，大林路上也有大型的東南亞超商與零星幾家印尼小吃，而菲律賓商店主要則坐落於前站中正路四十八巷。四國於各自的領域上共同構築桃園車站的東協地景。

再往南，中壢火車站周邊又是完全不一樣的風景。無論是前站或是後站，都有爲數不少的越南、印尼、泰國或菲律賓的餐廳與雜貨店、超市。其中，菲律賓店家主要在中平路與中和路上；元化路與中央東路的區塊則是以越南和泰國店家爲主；後車站的新興路上，絕大多數都是印尼商店。

或許是鄰近桃園機場，或許是移工人數最多，中壢可見到的東南亞小吃、甜點、蔬果與雜貨，似乎比其他地方更多元、更豐富。而且不用等到假日，平日便可在元化路或新興路的雜貨店冰箱裡挖到寶，一些新鮮空運來台的蔬菜通常星期二後就可買到，其他縣市反而要到星期四、五才會鋪貨。草胡椒、南甜菜樹、雅囊葉、印度楝，以及大夜香花的花苞是罕見的進

中壢火車站前的泰國雜貨店與中壢後火車站的印尼商店，冰箱裡可以挖到許多寶

桃園後火車站出口處的越南商店前有販售不少東南亞蔬果與香料植物

東南亞餐廳內也會兼賣一些進口食品與雜貨

口蔬菜，也是不曾在台中見過的東南亞蔬菜。而水果店爲了做移工或新住民的生意，往往也會有一小區販售波羅蜜之類的東南亞水果。

長江路的耶穌聖心天主教堂是菲律賓移工做彌撒之處，就跟台北中山北路巷弄裡的聖多福天主堂一樣，是菲律賓移工的信仰與交誼中心。周邊也有不少假日才會出現的攤販，賣衣服、雜貨、炸香蕉、甜點、煙燻魚、辣木葉等，還有幾家菲律賓餐廳也是週末才會營業。其中還穿插了不少台灣人經營的店家，形成熱鬧的假日市集，類似於台北中山北路的小馬尼拉，長江路與中央東路這個L形的區塊成爲了中壢地區的小菲律賓。

相較於台中、台北與桃園火車站，這裡的店家較分散。雖然店家總數不少，而且集中在火車站周邊，但不會舉目所及都是，反倒是稀疏地鑲嵌在一般的店家之中。

然而，這兩個大火車站跟台北、台中不同，並不是移工或新住民唯一的去處。往東南走，龍岡的忠貞新村與龍潭的干城五村——兩個看名稱就知道是眷村的地點，也是特殊的東南亞蔬果、香料在桃園相當豐富、多元的區塊，種類跟桃園與中壢火車站又有所不同。

泰國商店冰箱裡的小螃蟹，製作涼拌木瓜絲時與其他香料一起搗碎後，可增加鮮甜味

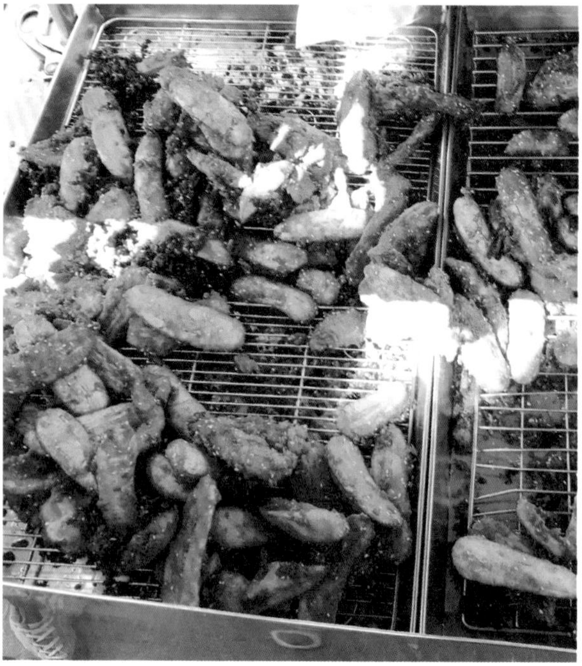

長江路天主堂的炸香蕉，除了常見塗紅糖的Banana Q，還有切片裹粉的Maruya也十分好吃

長江路的耶穌聖心天主教堂外圍，假日會聚集許多攤商

no.59

小圓茄

名稱 小圓茄、蛋茄、越南紫茄、印尼白茄、泰國綠紋茄、Cà pháo、(越南文)、**มะเขือเปราะ**(泰文)、eggplant(英文)

學名 *Solanum* sp.

科名 茄科(Solanaceae)

原產地 人工培育種

生育地 人工培育種

海拔高 平地

●植物形態與生態

直立草本或亞灌木。單葉，互生，全緣或波浪狀。小枝，葉柄、葉兩面、花梗皆被星狀毛。花淡紫色，單生。果實爲漿果，內含較多種子。種子較一般市場常見的茄子(*Solanum melongena*)大，皮也較厚。有三種顏色，紫色與白色的大概魚丸大小，綠白相間的大概雞蛋大小。

小圓茄植株

小圓茄有三種，由左至右是泰國綠紋茄、印尼白茄、越南紫茄

左：緬甸街販售煮泰國綠紋茄
右：醃製的酸辣小圓茄，脆脆的口感相當順口

●食用方式

愛吃茄子的我，看到造型可愛的越南小紫茄、泰國綠紋茄、印尼白茄，忍不住各買了一些，準備大快朵頤。沒想到跟我們在台灣常食用的茄子完全不同，皮厚籽多，久煮不爛，甚至有苦味。後來才知道小圓茄通常是加咖哩一起煮，越南會將小紫茄醃製後食用，綠紋茄在泰國甚至當生菜直接吃，吃法跟台灣常見的長茄完全不同。醃製的小圓茄酸酸辣辣，脆脆的口感，令人不禁一口接一口。失之毫釐，差之千里。雖然都是茄子，若料理方式不對，再好的食材都會變得難以下嚥。

no.60

黃花藺

名稱	黃花藺、香蓮
學名	*Limnocharis flava* (L.) Buchenau
科名	澤瀉科（Alismataceae）
原產地	中美洲、哥倫比亞、厄瓜多、祕魯、玻利維亞
生育地	水中或水域邊緣
海拔高	0 ～ 1000m

● 植物形態與生態

多年生挺水草本。莖極短，葉叢生，葉柄細長。花黃色，繖形花序。果實圓錐狀，可漂浮於水面。除了有性繁殖，也可以依靠走莖進行無性繁殖。

左：黃花藺於傍晚開花
右：栽培在水田的黃花藺

市場販售黃花藺的花與葉

● 食用方式

黃花藺在東南亞地區廣泛栽培。其嫩葉、葉柄、花苞皆可食用。一般是炒食，馬來西亞也有做生菜沙拉。因爲富含鈣、鐵及ß-胡蘿蔔素等營養成分，在越南被視爲是婦女補充營養的重要蔬菜。

2000年後越南新住民引進台灣。因爲耐淹水，又少病蟲害，大約2010年花蓮農改場開始推廣栽培做爲台灣夏季蔬菜，尤其是馬太鞍濕地栽培最多。然而，黃花藺是入侵性極強的植物，2015年起農改場開始陸續清除東部各地所栽培的黃花藺。西部地區仍有新住民栽培，桃園泰國街、忠貞市場、東協廣場的菜攤都可以見到新鮮的黃花藺。

no.61

刺蜜薯

名稱	刺薯蕷、刺蜜薯、刺山藥、越南山藥
學名	*Dioscorea esculenta* var. *spinosa* (J. Roxb. ex Prain & Burkill) R. Knuth/ *Dioscorea spinosa* Roxb. ex Hook. f.
科名	薯蕷科（Dioscoreaceae）
原產地	印度、東南亞
生育地	林緣或次生林
海拔高	0 ～ 900m

市場待售的刺蜜薯

●食用方式

刺蜜薯的塊莖可食用，是山藥的一種。在桃園後火車站的泰國街跟東協廣場的菜攤上都曾見過，主要產季在十一月至次年三月。

刺蜜薯是原住民的民俗植物，引進台灣的時間不可考，在日治時期之前就有栽培。根據愛爾蘭植物學家亨利來台採集的856號標本，1894年亨利就在屏東萬金庄採集到刺蜜薯了。1906年松村任三和早田文藏合著的《台灣植物總覽》，刺蜜薯也名列其中。但或許是因為長滿了刺，採收麻煩，過去較少人栽培。2004年桃園農改場陸續推廣，目前桃園、新竹、嘉義、高雄等地都有人栽培。而近年來花蓮地區新住民栽培的越南山藥，其實也是這個種。

no.62

草胡椒

名稱	草胡椒、Rau càng cua（越南文）
學名	*Peperomia pellucida* (L.) Kunth
科名	胡椒科（Piperaceae）
原產地	中美洲、哥倫比亞、委內瑞拉、蓋亞納、蘇利南、法屬圭亞那、巴西、厄瓜多、祕魯、玻利維亞、阿根廷、西印度
生育地	潮濕林內，地生
海拔高	0～1000（3000）m

●植物形態與生態

椒草屬的矮小草本，株高極少超過30公分。單葉，互生，全緣。全株肉質。花極小，肉穗花序頂生或腋生。原產於熱帶美洲潮濕遮蔭的環境，目前廣泛歸化於亞洲熱帶及亞熱帶地區。

●食用方式

根據網路資料，草胡椒可以食用，在南美洲許多國家也做爲藥用植物。個人試吃的結果，味道跟口感像是微辣的香菜。中壢地區新住民曾經販售過。

草胡椒植株矮小

●植物形態與生態

藤本，莖的基部有刺。地下塊莖橢圓球狀，長滿鬚根，根亦常特化成刺，故名。單葉，互生，全緣，兩面被毛，葉柄基部有二至四枚勾刺。不生零餘子。花細小，綠色，穗狀花序。果實形態不詳。

上：刺蜜薯葉柄基部有勾刺；下：花蓮的刺蜜薯田（攝影／林奐慶）

攝影／王秋美博士

no.63

南甜菜樹

名稱 泰國山柚、南甜菜樹、樸蒼白樹、**ผักหวานป่า**（泰文）
學名 *Melientha suavis* Pierre
科名 山柚科（Opiliaceae）
原產地 泰國、寮國、柬埔寨、越南、馬來半島、菲律賓
生育地 低地森林、常綠乾燥森林、落葉林
海拔高 0～1500m

●植物形態與生態

小喬木，高可達13公尺。單葉，互生，全緣。花細小，圓錐狀花序，幹生。核果橢圓球狀，成熟時橘黃色。

左：台灣野生的山柚果實
右：台灣野外的山柚小苗，葉子比南甜菜樹尖，嫩葉也可以食用

進口的南甜菜樹長得與山柚十分類似
（攝影／王秋美博士）

●食用方式

南甜菜樹的嫩葉跟嫩花序都可以食用，通常是做咖哩或煮湯。由於它的泰文**ผักหวานป่า**跟守宮木的泰文**ผักหวานบ้าน**只差了兩個字母，中文又都有甜菜二字，所以進口時都被當成是守宮木。其實兩種植物不同科，南甜菜樹是山柚科，而守宮木是葉下珠科。

台灣也有產一種山柚（如上兩圖），學名是*Champereia manillana*，根及葉可供藥用，幼葉與幼果可當蔬菜，成熟果實可食，嫩芽用以跟肉絲或小魚乾一起煮湯。因爲台灣產的山柚跟南甜菜樹十分類似，一度讓我以爲中壢所販售的是山柚。

no.64

雅囊葉

名稱	雅囊葉、亞仁葉、蔘露樹、蔘葉藤、cây sương sâm（越南文）、ใบย่านาง（泰文）、វល្លិយាវ（高棉文）
學名	*Tiliacora triandra* (Colebr.) Diels
科名	防己科（Menispermaceae）
原產地	泰國、寮國、柬埔寨、越南
生育地	低地及丘陵森林、河岸林、灌叢
海拔高	0 ～ 800m

●植物形態與生態

藤本，單葉，互生，全緣，波狀緣，或略呈疏鋸齒緣。花細小，綠白色，似是複聚繖花序。核果球狀，成熟時紅色。

●食用方式

雅囊葉泰文**ใบย่านาง**轉寫爲bai ya nang。泰文名詞在前，**ใบ**（bai）是葉子的意思，**ย่านาง**（ya nang）直接音譯爲雅囊或亞仁。越南稱爲cây sương sâm，cây是樹的意思，sương是凝結成露，sâm是蔘，可譯爲蔘露樹。或稱爲dây lá sâm，dây是藤，lá是葉，譯爲蔘葉藤。

寮國與泰國依善地區通常是跟竹筍一起下去煮成辣湯，柬埔寨是跟雞、豬、魚一起煮成酸湯。此外，它也可以像搓愛玉一樣，在水中搓洗，會凝結成綠色如果凍一般，是越南喜愛的甜點，類似我們常吃的仙草凍。目前僅知桃園地區會進口販售。

雅囊葉主要是跟竹筍一起煮湯

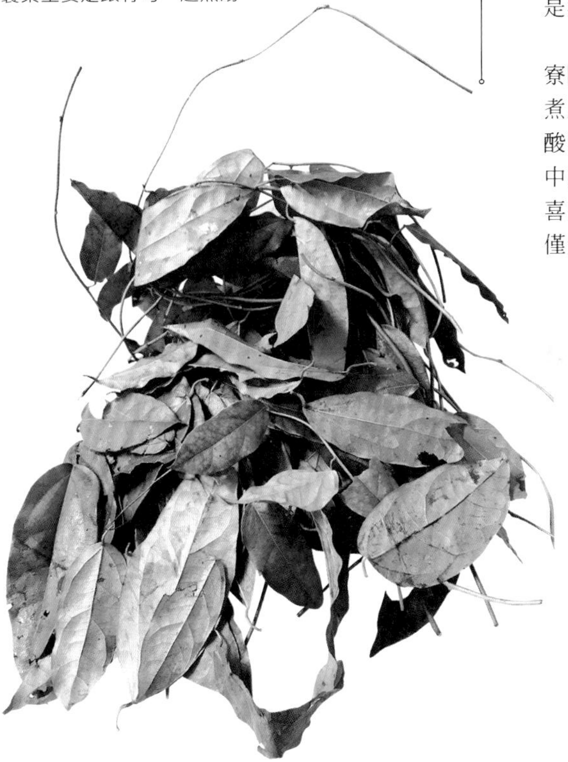

市售的雅囊葉

no.65

印度楝

名稱 印度楝、印度蒜楝、印度假苦楝、苦菜、
สะเดา（泰文）、neem（英文）

學名 *Azadirachta indica* A.Juss.

科名 楝科（Meliaceae）

原產地 巴基斯坦、印度、斯里蘭卡、尼泊爾、孟加拉、緬甸

生育地 常綠低地森林

海拔高 800m以下

●植物形態與生態

大喬木，高可達40公尺，一般多在20公尺左右。一回羽狀複葉，互生，小葉鋸齒緣。花細小，白色，圓錐狀聚繖花序，腋生，下垂。果實為核果，橢圓球狀。

印度楝的白色小花

印度楝的葉子是一回羽狀複葉

印度楝的嫩葉與花序

攝影／王秋美博士

no.66

大夜香花

名稱 大夜香花、草夜香花、山翡翠、夜來香、hoa thiên lý（越南文）、**ดอกขจร**（泰文）

學名 *Telosma cordata* (Burm. f.) Merr./*Telosma odoratissima*(Lour.) Coville

科名 夾竹桃科（Apocynaceae）／蘿藦科（Asclepiadaceae）

原產地 印度、中國南部、中南半島

生育地 灌叢、疏林、次生林

海拔高 低地

●植物形態與生態

藤本，具乳汁。單葉，對生，全緣。花黃色，繖形花序，腋生。蒴果。

●食用方式

大夜香花台灣多半是當作觀賞植物來栽培。其實它的花苞、嫩葉可做菜，果實似乎也可以食用。拿來炒或是煮湯皆可，類似金針花的吃法，中壢的泰國商店有販售。

大夜香花成串的花苞可食（攝影／王秋美博士）

●食用方式

印度楝是非常多用途的植物，自古就是印度阿育吠陀的藥用植物。嫩葉跟果實可以做菜，不過據說葉子很苦。果實也可以鮮食或做果汁，樹汁可以發酵做飲料。除此之外，印度楝種子可以榨油，油可以進一步做爲燈油、肥皂、化妝品或殺蟲劑。

台南與台中有極少人栽培印度楝，引進時間不詳。另外也有進口印度楝油製成的天然成分殺蟲劑、肥皂。而桃園地區與台中東協廣場則曾進口帶花序的嫩芽做爲葉菜類食用。

市售的印度楝

CHAPTER 16

中壢龍岡忠貞新村

來自段譽的故鄉

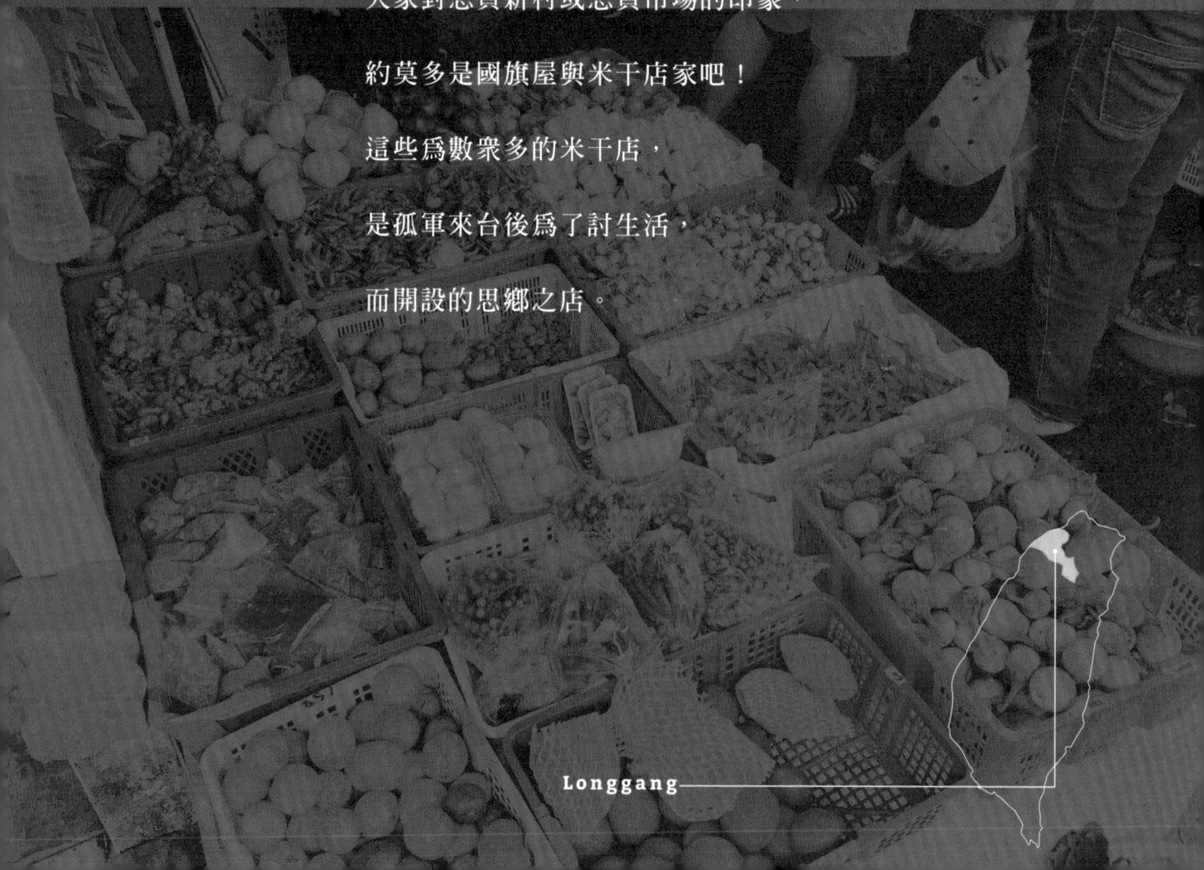

大家對忠貞新村或忠貞市場的印象，

約莫多是國旗屋與米干店家吧！

這些爲數衆多的米干店，

是孤軍來台後爲了討生活，

而開設的思鄉之店。

走進忠貞市場，市場裡斗大招牌的「大理」，不禁讓我聯想到金庸小說《天龍八部》中，與蕭峰、虛竹並列的武林高手段譽——其原型人物是北宋時期大理國的君主段和譽。我的思緒，瞬間從中壢飄到了大理國——那個在西元十世紀，中國五代十國時期建立，後來在十三世紀中葉被蒙古消滅的段氏大理。除了在小說中，我們過去所學的歷史鮮少提及這個古國。

篤信佛教的大理古國，約莫與中國宋朝、越南李朝、緬甸蒲甘王朝、柬埔寨吳哥王朝並存於同一時期。大理不但統一了雲南全境，版圖還一度擴及今日四川南部、貴州西南，還有印度東北，緬甸、寮國與越南北部。蒙古鐵騎踏進雲南之後，大理國亡，忽必烈讓色目人賽典赤．贍思丁擔任雲南行省首任平章政事，伊斯蘭信仰也跟著傳入。

站在龍岡清眞寺外，思緒從大理國又回到了現代。位在忠貞市場入口旁的龍岡清眞寺肇建於一九六四年，是爲了便利從中國西南方來台、駐紮在中壢一帶的孤軍誦經、禮拜，是台灣七座清眞寺之一。近年來，隨著來台印尼移工人數愈來愈多，這座清眞寺也成爲富有南洋風情的宗教建築。

忠貞新村建於一九五四年，是全台第一個眷村，橫跨中壢與平鎭兩個行政區，安置了不少自緬甸撤退來台的異域孤軍。

一九五三年，緬甸與中共協同攻擊孤軍失敗，只好向聯合國控訴中華民國入侵。在國際輿論之下，孤軍從一九五三年底至一九五四年初，在美軍的協助下，分成三批陸續撤退，總共有六千九百多人。從桃園機場落地後，國防部賦予忠貞部隊的番號，臨時安置到霧峰、溪州、大林等地的台糖倉庫暫居，並緊急在戰爭中較少受到破壞的桃園中壢、平鎭一帶，興建了克難的眷村，安置這批軍眷。而忠貞二字，也跟著部隊番號，成了眷村名稱。

龍岡清真寺

不過，大家對忠貞新村或忠貞市場的印象，約莫多是國旗屋與米干店家吧！這些爲數眾多的米干店，是孤軍來台後爲了討生活而開設的思鄉之店。

一開始，忠貞新村並無市場，居民必須到中壢市區採買，十分不便。於是里長便建議八德霄裡一帶的居民將自家栽種的農作物運送過來販售。從最初的菜車慢慢發展，至一九七○年代，忠貞市場才正式成立。之後，來台依親的緬甸華僑，還有新住民與移工陸續進駐。除了孤軍帶來的滇、泰、緬美食外，還有印尼、越南、印度風味，甚至全台罕見的巴基斯坦料理，共同構築今日桃園地區最大的異國特色市集。而來自雲南的米干、米線、粑粑絲、椒麻雞、大薄片、涼拌豌豆粉等，也成爲大家耳熟能詳的擺夷料理。

菜市場上，數不清的奇特蔬菜，除了跟其他東南亞市場相似的種類，特別的有茴香根、樹薯葉、木蝴蝶、撇菜根、鳳鬚菜，還有新鮮辣木果莢與辣木子、華新街稱爲苦簽簽的刺五加，以及芭蕉花跟雙胞菜的醃菜、乾燥的木敦果與木棉花。這裡所販售的的南洋蔬菜，有的是進口的，還有不少應該是來自鄰近的干城五村。

忠貞市場的國旗屋

上、下：忠貞市場隨處可見的雲南米干與涼拌豌豆粉

上：忠貞市場販售的各種雲南點心
左：忠貞市場販售的青蛙乾
右/下：忠貞市場最外邊有幾個專賣特殊滇緬蔬菜、香草跟醬菜的攤子

忠貞市場上各式各樣的東南亞蔬菜與香草

忠貞市場入口與末端有幾家販賣擺夷、越南、印尼、印度點心，以及特殊食材與蔬菜的店家

攝影／Mingalar par 緬甸街編輯團隊

no.67

苦簽簽

名稱	苦簽簽、刺五加、**ผักแปม**（pak-pam）（泰文）
學名	*Eleutherococcus senticosus* (Rupr. ex Maxim.) Maxim.
科名	五加科（Araliaceae）
原產地	中國、韓國、日本、西伯利亞
生育地	森林或灌叢
海拔高	2000m 以下

● 植物形態與生態

灌木，高可達6公尺，全株具刺。掌狀複葉，互生，小葉五片，細鋸齒緣。繖形花序，腋生。果實球形，成熟黑色。

● 食用方式

苦簽簽也是透過楊萬利小姐提供的照片才得知華新街與忠貞市場會販售這種蔬菜。它就是知名藥用植物刺五加，常做成茶包，類保健食品。嫩葉及嫩芽有苦味，可以炒、煮湯或是做咖哩，泰國蘭納菜系甚至直接拌辛香料生吃。泰國的網站上常把學名寫成*Eleutherococcus trifoliatus*——這其實是三葉五加的學名。可能是因為三葉五加是泰國原生植物，而刺五加是引進種，於是把兩種相似的植物搞混了。其實兩種植物葉子的質感差異很大，形狀也不同，很容易區分。

上：華新街販售的蔬菜苦簽簽就是刺五加
(攝影／ Mingalar par 緬甸街編輯團隊)
中左：苦簽簽全株有刺
中右：刺五加的掌狀複葉有五片小葉，葉片較薄
下：三葉五加在台灣野外也有，小葉通常是三片，偶見五片，葉片厚

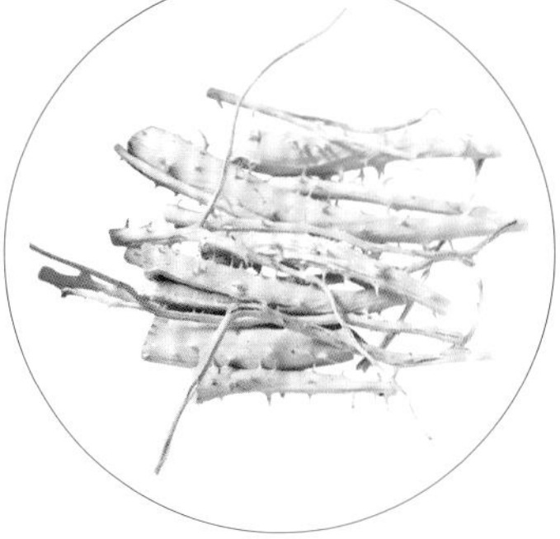

no.68

茴香根

名稱 茴香、小茴香
學名 *Foeniculum vulgare* Mill.
科名 繖形科（Apiaceae）
原產地 地中海
生育地 草地
海拔高 平地

● 植物形態與生態

草本，莖基部膨大。葉互生，三到四回羽狀裂，裂片細絲狀。花細小，黃色，複聚繖花序頂生。離果。

● 食用方式

茴香自古就是廣泛使用的香料植物，台灣各地普遍栽培。不過一般都是食用葉片或莖，目前只知道忠貞市場等少數地方可以見到茴香根。它有雲南人參的美稱，煮排骨湯、燉豬腳或清炒皆可。生的茴香根有淡淡的茴香味道，煮熟以後卻有淡淡的人參味，十分特殊。根的外層可食，內層木質化十分堅硬。大約需燉煮二到三小時，外層軟化後才比較好吃喔！

左上：待售的茴香根
右上：茴香根燉排骨；茴香根外層可食，
內層木質化十分堅硬
下：台灣的東南亞菜攤上也會販售新鮮茴香

no.69

樹薯葉

名稱 樹薯、木薯、Cassava（英文）

學名 *Manihot esculenta* Crantz.

科名 大戟科（Euphorbiaceae）

原產地 南美洲

生育地 人類馴化栽培

海拔高 0 ～ 1700m

●植物形態與生態

灌木，高約3公尺。單葉，互生，掌狀裂。單性花，雌雄同株，總狀花序腋生。蒴果橢圓球狀。

忠貞市場菜攤上的新鮮樹薯

葉用樹薯葉片裂得比較深

●食用方式

樹薯具有可儲存養分的地下塊根，是熱帶地區重要的澱粉來源，連西米也幾乎都是樹薯澱粉製作。1902年日本人引進台灣並推廣。不過，樹薯全株有毒，尤其是新鮮的塊根氫氰酸含量特別高，千萬不可生食，嚴重會導致死亡。除了塊根外，中國西南少數民族與印尼都會食用樹薯葉。華新街、忠貞市場皆有販售葉用樹薯，信國社區有栽培葉用樹薯，而台中第一廣場外圍的印尼自助餐店多半也都有樹薯葉這道菜。

東南亞超市常見的樹薯片餅乾

樹薯塊根

印尼自助餐常可見到樹薯葉料理

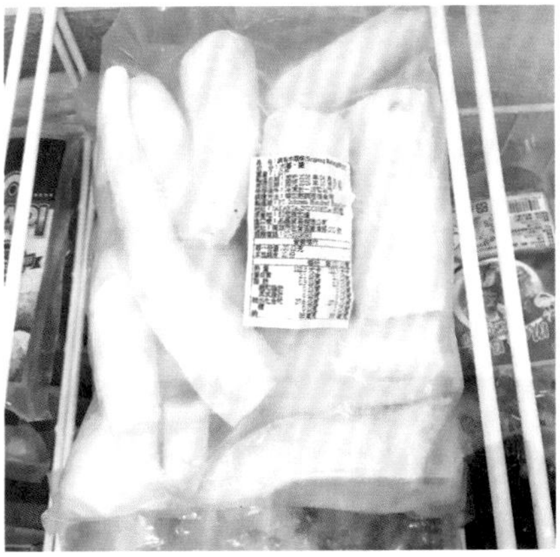

東南亞超市的冷凍樹薯

菲律賓商店販售的樹薯派

no.70

木蝴蝶

名稱 木蝴蝶、千張紙、故紙花、Núc nác（越南文）、**ลืนฟ้า、ฝักเพกา**（泰文）

學名 *Oroxylum indicum* (L.) Kurz

科名 紫葳科（Bignoniaceae）

原產地 印度、斯里蘭卡、不丹、尼泊爾、中國南部、中南半島、馬來西亞、印尼、菲律賓

生育地 常綠森林邊緣或潮濕落葉林、次生林

海拔高 0 ～ 1000m

● 植物形態與生態

落葉喬木，高可達15公尺。二至三回羽狀複葉，對生，落葉前會變黃、變紫，十分美麗。花冠鐘形，先端五裂，外紫紅色，內淡黃色或米白色，總狀花序。蒴果木質，長可達一公尺。種子有翅，薄如紙，故名。會藉由根萌櫱，行無性繁殖。

左：中藥千張紙是木蝴蝶的種子
右上：木蝴蝶的三回羽狀複葉
落葉前會變紫色
右下：信國社區栽種的木蝴蝶

●食用方式

木蝴蝶是著名藥用植物，種子跟樹皮皆可入藥。日治時期曾多次引種，最早的紀錄是1896至1898年本多靜六寄贈。目前最老植株可能是1914年引進台灣，栽培於恆春熱帶植物園。

2016年初，偶然的機會下在四物湯殘渣裡面發現了木蝴蝶的種子。詢問了幾位女性友人，赫然發現半數以上都曾在四物湯裡見過木蝴蝶，只是不曉得它是什麼。

其實木蝴蝶引進台灣已久，但不知何故，除了中藥介紹之外，台灣的網站上能查詢到的植物資料有限。除了恆春熱帶植物園外，中南部其實有不少人栽培，特別是信國社區，因爲有食用木蝴蝶的習慣，幾乎家家戶戶都有栽種。近年來販售東南亞蔬菜的業者，偶爾也會進口新鮮的木蝴蝶果莢到台灣的市場上販售，華新街、桃園及台中東協廣場皆有出現過。

木蝴蝶的果莢扁平，成熟後會開裂。一般是食用綠色的未熟果。可以橫切成條狀，跟肉絲下去炒，或是將整個果莢烤熟來吃。口感還不錯，脆脆的，不過微微苦。要辣炒或炒鹹蛋比較對味。

木蝴蝶炒肉絲

市售的木蝴蝶果莢

no.71

擨菜根

名稱 擨菜根、苤菜根、苤菜、寬葉韭、大葉韭、蒽韭、麗江野蔥

學名 *Allium hookeri* Thwaites

科名 石蒜科（Amaryllidaceae）

原產地 印度、斯里蘭卡、不丹、中國南部、緬甸

生育地 濕潤林下、林緣

海拔高 1400 ～ 4200m

● 植物形態與生態

草本，葉基生，細長。花白色，繖形花序球狀，花莖圓柱狀，側生。蒴果。

左：開花中的寬葉韭
（攝影／王秋美博士）
右：擨菜根是寬葉韭的根部
（攝影／ Mingalar par 緬甸街編輯團隊）

● 食用方式

擨菜根是透過楊萬利小姐而得知華新街菜市場曾經有販賣，始得認識。查了資料發現台灣最早栽培的地方是清境農場。從飲食習慣來看，應該是居住在清境的泰緬孤軍所引進。在台灣只會開花，所結種子都是空包彈，僅能以分株繁殖。

雖然花莖與嫩葉如同韭菜可食，但須種在中高海拔地區，經濟價值不如韭菜。除了花葉外，其根部肥大，富含韭菜香氣，更是中國西南方少數民族特別喜愛的蔬菜。華新街、清境農場、忠貞市場皆有販售。通常是跟黃飯或酸肉一起食用。

上：擨菜根直接煎蛋也很好吃
下：擨菜根是雲南、緬甸一帶吃酸肉或黃飯不可或缺的配菜
（攝影／ Mingalar par 緬甸街編輯團隊）

no.72

鳳鬚菜

名稱 紅瓜、鳳鬚菜、鳳鮮菜

學名 *Coccinia grandis* (L.) Voigt

科名 瓜科（Cucurbitaceae）

原產地 西非、東非、印度、斯里蘭卡、中國南部、中南半島、馬來西亞、印尼、新幾內亞

生育地 灌叢、荒地、森林邊緣

海拔高 0 ～ 2350m

● 植物形態與生態

紅瓜是多年生草質藤本，莖有稜角，無毛，分枝多。單葉，互生，疏鋸齒緣，略呈五邊形，卷鬚不分岔。單性花，雌雄異株。花白色。果實長橢圓球狀或紡錘形，成熟時暗紅色。

左：紅瓜的花
右：信國社區聯外道路旁的紅瓜

● 食用方式

首次見到紅瓜是在信國社區，除了婆婆栽種在自家菜園，離開信國社區的道路旁的圍籬與灌叢也爬滿滿，已經歸化。紅瓜果實成熟後可以直接生吃，不須煮熟，甜甜的，沒有苦澀味或青草味，就是種子稍微多一點。嫩芽在忠貞市場的菜攤上有販售，一般叫做鳳鬚菜。

左：紅瓜果實可鮮食
右：鳳鬚菜就是紅瓜的嫩芽，在忠貞市場十分常見

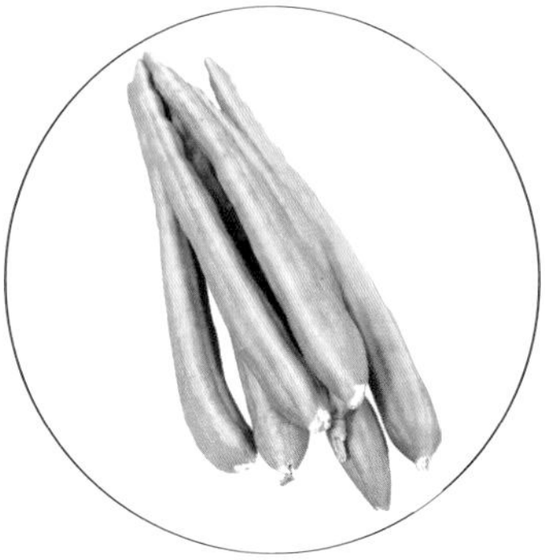

no.73
辣木

名稱 辣木
學名 *Moringa oleifera* Lam.
科名 辣木科（Moringaceae）
原產地 印度半島
生育地 乾燥疏林至潮濕常綠森林
海拔高 0-1000m

●植物形態與生態

灌木或小喬木，高可達12公尺。三至四回羽狀複葉，互生，小葉全緣。花白色，花瓣反卷，圓錐花序腋生。蒴果細長，下垂如豆莢，表面有三稜，橫切面三角形。種子三稜，稜的邊緣有半透明薄翼。

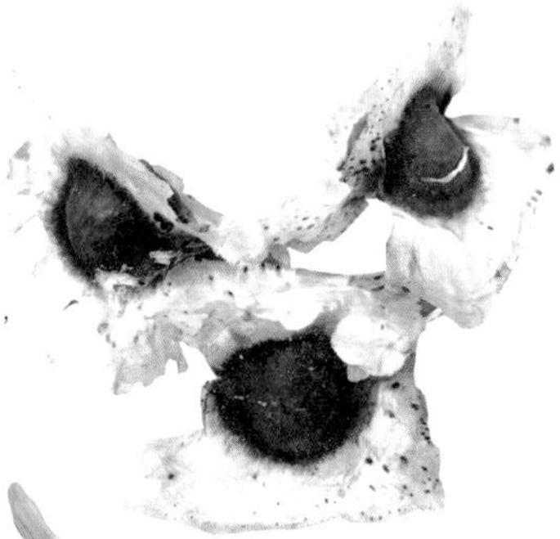

辣木種子具三稜，
稜上有透明薄翅

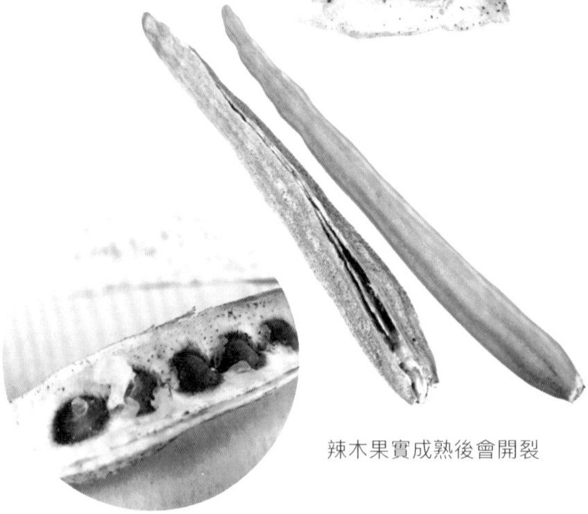

辣木果實成熟後會開裂

上：辣木的花
下：公園及路邊有時可以看到被遺棄的辣木

市售的辣木葉

緬甸街販售的辣木湯

●食用方式

台灣最早於1930年代引進辣木，大約於1990年代末期至2000年代初期，被種苗商美稱爲奇蹟之樹，曾流行過一陣子，但因生長迅速，許多小苗被棄置到各地公園。

忠貞市場販售的辣木子

辣木是一種幾乎全株都可以吃的植物，也可以供藥用，加工做保健食品。但有微毒，不宜大量食用。全株有略似芥末的奇特辛辣味，嫩葉與未熟果富含蛋白質，營養豐富，可以做蔬菜。泰國地區常用來煮咖哩湯，據說果實滋味像蘆筍。種子可榨油，或油炸做點心，如花生一般。花朵可以做沙拉或咖哩。華新街、忠貞市場、中壢長江路天主堂週末市集都見過販售新鮮辣木的菜攤。

市場上偶爾可見辣木的未熟果莢

CHAPTER 17

龍潭干城五村

瀾滄江上流

爲了活魚三吃與米干，

我再訪龍潭，

卻在一處栽滿東南亞蔬菜的農田，

意外地聽到了中學地理課本上出現的遙遠地名

——瀾滄。

Longtan, Taoyuan

流經緬、寮、泰、柬、越五國，中南半島最重要的河川湄公河，在中國境內稱爲瀾滄江，發源於青海，往南經西藏進入雲南省，貫穿西雙版納後，出中國國境，成爲中、緬、寮的邊界。而「瀾滄」一詞意思爲百萬大象，名稱來自十四世紀統一寮國全境的瀾滄王國。

大學三年級以後，我通常在基隆路搭台中客運回家。研究所階段總是在小小福購票，到公館搭亞聯客運到新竹。那時候發現，不管是回台中還是到新竹，客運總是會下龍潭交流道。當時對龍潭的印象有滿滿的花生糖香。服兵役時部隊在龍潭，方知道陸軍總部也在此。出了社會，爲了活魚三吃與米干再訪龍潭，卻在一處栽滿東南亞蔬菜的農田，意外地聽到了中學地理課本上出現的遙遠地名——瀾滄。

一九六〇年中緬兩國簽訂了《中緬邊界條約》，除了確定果敢地區爲緬甸領土，也開始聯合清剿位在緬甸境內的異域孤軍。一九六一年緬甸再度向聯合國控訴，在美國的壓力下，泰緬孤軍第二次撤退來台。此次撤台官兵與眷屬分別被安置在龍潭干城五村，以及高雄、屏東、見晴[1]三個農場。

干城五村原本稱爲潛龍新村。當時，每一個眷村建造專案爲全台同時執行，如：精忠專案，便有精忠一村、二村，而潛龍新村正好是干城專案的第五個村子，故更名爲干城五村。一九九六年在國防部「國軍老舊眷村改建計畫」下，干城五村正式拆除改建，不過原本眷村範圍仍有兩家米干店，見證了這段歷史。

干城五村僅存的米干店

1 見晴農場即今日的清境農場

而眷村西北方的茶園，目前栽種了香茅、守宮木、鈕扣茄、臭菜、檸檬葉、南薑等多種東南亞市集常見的蔬菜與香料，還有孤軍較常食用的雀榕。以栽培的規模來看，除了雀榕、南薑外，其他植物的數量較大，不太可能只供自家食用。我想，極有可能是運送到忠貞市場上販售吧！

菜園的主人是一位上了年紀的婆婆，趁著太陽仍有餘暉，微風輕吹之際，正在採收、整理。她大方地讓我在田間縱橫阡陌，四處拍照。離去前，跟婆婆聊了幾句，婆婆表明自己是一九六一年時來台，這些都是家鄉常食用的蔬菜。敢問婆婆鄉關何處，竟是遙遠的瀾滄！

離去前，我沿著干城路三百一十五巷前行。在一處雜木林旁，一株蔓生而出的巨大臭菜正開著小白花，恣意生長的野樣，完全不似婆婆菜園裡那些經常被採摘的矮個兒。不曾到過雲南的我，想像著在瀾滄江畔的原生環境下，是否這才是臭菜自然的模樣？

干城五村的守宮木田

干城五村附近巨大的臭菜

來自瀾滄，在原干城五村旁栽種各種東南亞蔬菜的婆婆與她的田

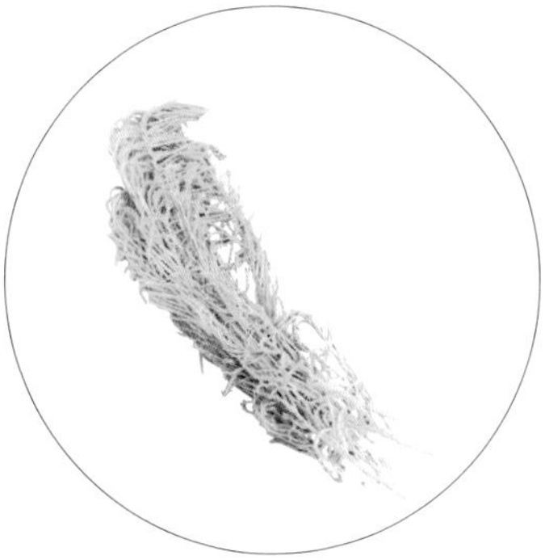

no.74

臭菜

名稱 羽葉金合歡、蛇藤、泰國臭菜、瓦斯菜、插翁、ชะอม（Cha-om）（泰文）

學名 *Senegalia pennata* (L.) Maslin/*Acacia pennata* (L.) Willd.

科名 豆科（Fabaceae or Leguminosae）

原產地 印度、斯里蘭卡、不丹、尼泊爾、孟加拉、中國南部、中南半島、安達曼、尼古巴、馬來西亞、印尼、新幾內亞、澳洲東北

生育地 海岸林至低海拔森林林緣

海拔高 1000m 以下

●植物形態與生態

灌木或木質藤本。二回羽狀複葉，互生，小葉極細小。枝條及葉軸背面都具硬刺。花白色，頭狀花序，排列成總狀或圓錐狀，頂生或靠近末梢腋生。莢果。形態與台灣野生的藤相思樹類似，但藤相思樹枝五稜，嫩枝有絨毛且刺向下；而臭菜枝條是圓柱狀，小枝光滑無毛，刺向上。

1753年時，林奈在《植物種志》（Species Plantarum）中將臭菜歸爲含羞草屬，命名爲*Mimosa pennata*，2012年才改成現在的學名。它是廣泛分布於印度、喜馬拉雅山南麓，東南亞各國至澳洲的植物。

左：供採收的臭菜通常都不到一人高
右：開白花的臭菜

干城五村的臭菜田

臭菜煎蛋

●食用方式

臭菜引進台灣已久，依飲食習慣推測，最可能是1950或1960年代來台的泰緬孤軍所引進。在干城五村及信國社區皆有非常巨大的植株。近年來經由新住民的推廣，栽培愈來愈普遍。北中南各地東南亞市集也都有販售新鮮臭菜葉。

人工栽培的臭菜由於經常被採摘嫩芽，故維持低矮灌木狀而鮮少開花。但是我何其有幸，第一次見到臭菜，就在台南左鎮菁茂花園鄭大哥家中，親睹了盛開中的巨大藤本。當時在王秋美博士介紹下認識了這種特殊植物，後來又在台中國光花市賴泳舜老闆的園子採到嫩葉，首次品嚐。

由於具有類似臭豆一般的濃厚瓦斯味，又稱為泰國臭菜或瓦斯菜。泰文ชะอม，讀做cha-om，所以又音譯為插翁。嫩葉煎蛋直接食用即可，煮熟後瓦斯味不明顯。

市售的臭菜通常都是裝袋

no.75

守宮木

名稱 越南甜菜、馬尼菜、守宮木、減肥菜、Rau ngót（越南文）、**ผักหวานบ้าน**（泰文）、Pokok cekur manis（馬來文）

學名 *Sauropus androgynus* (L.) Merr.

科名 葉下珠科（Phyllanthaceae）/ 大戟科（Euphorbiaceae）

原產地 印度、斯里蘭卡、中南半島、馬來西亞、印尼、新幾內亞、菲律賓

生育地 灌叢、森林或空地

海拔高 1300m以下

●植物形態與生態

小喬木，高可達5公尺。單葉，全緣，互生，二列狀排列，夜晚會下垂休眠。葉柄短，基部具有兩枚長三角形托葉，宿存。單性花，雌雄同株，單生或數朵簇生於葉腋。雄花花被片合生成盤狀，雌花花被片內外兩輪各三枚，互生，暗紅色。蒴果扁球狀，乳白色或淡粉紅色。守宮木過去分類是大戟科假葉下珠屬，新的分類屬於葉下珠科。

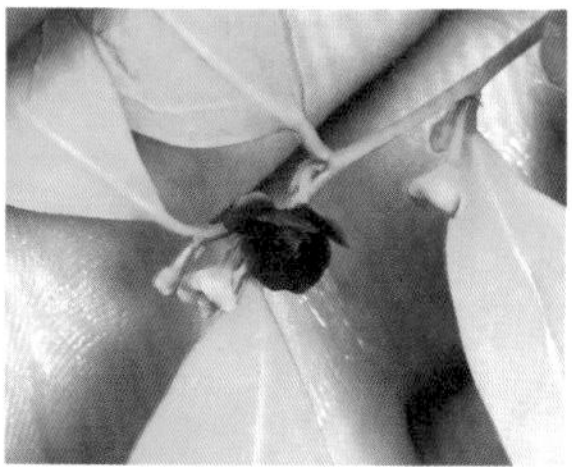

左：守宮木植株
上：守宮木雌花；下：守宮木雄花

守宮木煎蛋與守宮木蛋花湯
是最簡單的料理方式

●食用方式

雖是東南亞地區常見蔬菜，但是跟木薯一樣具有毒素，必須煮熟才可以食用。之前有民眾為了減肥，大量生食，導致肺纖維化而死亡。

越南稱守宮木為Rau ngót，Rau意思就是蔬菜，通常是與雞肉或蝦仁一起煮湯。泰國多半以大火快炒，或是煎蛋食用。全台東南亞市集普遍可見。

no.76
鈕扣茄

名稱	萬桃花、水茄、鈕扣茄、 **มะเขือพวง**（Ma-kheu-puang）（泰文）、Terong cepoka（印尼文）
學名	*Solanum torvum* Sw.
科名	茄科（Solanaceae）
原產地	中美洲、西印度、哥倫比亞、巴西
生育地	林間孔隙、灌叢
海拔高	0 ～ 1600m

●植物形態與生態

灌木，莖上有刺。單葉，近對生，波狀緣或深裂。小枝、葉柄、葉兩面、花梗皆被星狀毛。花白色，聚繖花序腋生。果實為漿果。原產熱帶美洲，現已廣泛歸化全台灣低海拔。

鈕扣茄的花、果

●食用方式

萬桃花水茄即一般所稱的鈕扣茄，未熟果是煮綠咖哩時必加入的蔬菜。台灣的泰式料理往往用豌豆（*Pisum sativum*）取代。各地販售東南亞蔬菜的攤子或雜貨店皆可見到。

市售的鈕扣茄

no.77
雙胞菜

名稱 雀榕、筆管榕、雙胞菜、Sung kiêu、Sộp（越南文）、sea fig、deciduous fig（英文）

學名 *Ficus subpisocarpa* Gagnep./
Ficus superba (Miq.) Miq. var. *japonica* Miq.

科名 桑科（Moraceae）

原產地 中國南部、泰國、寮國、柬埔寨、越南、馬來西亞、蘇門答臘、爪哇、婆羅洲、摩鹿加、菲律賓、台灣、琉球

生育地 潮濕森林、季風林

海拔高 0～1400m

● 植物形態與生態

半著生喬木，高可達25公尺。常著生在大樹上或牆角，氣生根會包覆並絞殺其他大樹。單葉，互生，全緣，嫩葉紅色。托葉米白色，早落。隱頭花序單生，或叢生於葉腋，或幹生於無葉的大枝條。果實球形。廣泛分布在亞洲熱帶地區，台灣平地十分常見。

左：雙包菜的幹生花
右：雀榕是台灣平地常見植物，根部常爬滿建築物

● 食用方式

雀榕的白色托葉，在吐新芽時會大量落下，可食用。或許是原本兩片一起包裹著新芽，所以被稱為雙胞菜。通常是托葉跟嫩葉一起醃製後食用。目前僅知干城五村與信國社區有栽培供自家食用。此外，我曾於忠貞市場上見過醃製的雙胞菜。

忠貞市場販售未煮熟的雙胞菜

醃製過的雙胞菜隱約可見完整的托葉，口感滑嫩

包在雀榕紅色新葉外的白色托葉即是雙胞菜

CHAPTER 18

屏東里港 信國社區

假若我從西雙版納來

雲南，是中國境內少數有熱帶雨林的地方，

生長著許多跟東南亞雨林相同的植物，

卻又演化出自己獨特的物種；

這裡還是國共內戰時最後淪陷的地區，

泰緬孤軍中多數軍眷的故鄉。

Ligang, Pingtung

對於沒有到過的地方，人類總是會有憧憬。例如爭議許久，直到一九七四年發現龍腦香科植物後，才在生態學上確認是熱帶雨林的西雙版納，對我總有特別的吸引力。那裡的熱帶植物令我深感興趣，那裡來的人令我好奇，而他們食用或使用的特殊香料與蔬菜，更讓我不斷地尋覓。

歷史上大理國所在地——雲南，是瀾滄江流過一千兩百多公里的中國西南省分；更是中國境內少數有熱帶雨林的地方，生長許多跟東南亞雨林相同的植物，卻又演化出自己獨特的物種；還是國共內戰時最後淪陷的地區，泰緬孤軍中多數軍眷的故鄉。

一九四九年至今已超過一甲子，愈來愈少人記得，曾有一支部隊在國共內戰失敗後，從中南半島撤退時曾占領了泰緬寮金三角，至今仍有人留在泰國美斯樂。這支部隊被稱爲泰緬孤軍，每隔一段時間，總會有人提醒大家美斯樂的存在。從一九六一年柏楊寫了小說《異域》起，台灣陸續產出不少電視、電影、歌曲。一九八三年的歌曲〈美斯樂〉與〈亞細亞的孤兒〉，以及一九八五年台視電視影集《西南忠魂》，一直到一九九〇年改編自小說的同名電影《異域》，大概是泰緬孤軍最受關注的時期。

當大家幾乎都快遺忘這段歷史時，二〇一〇年後李立劭導演又陸續拍了《滇緬游擊隊三部曲》，分別是描述美斯樂現況的《邊城啓示錄》，來台後居住在信國社區的《南國小兵》，以及年輕沒有家累的孤軍分發到清境農場的《那山人這山事》。相同的時空背景所發展出來幾條不同的軸線，因爲接受了不同的安排，結局當然也完全不同。

由於緬甸抗議中華民國入侵，一九五三年初國民政府開始撤離這些因戰爭而滯留中南半島金三角的異域孤軍。首波來台的孤軍主要居住在桃園中壢龍岡。一九六一年第二批抵台的軍眷則安置在龍潭、清境農場或高雄農場旁——高雄美濃與屏東里港交界的信國社區。這批異域孤軍原籍主要是雲南，另外還有部分來自廣西與貴州，眷屬包含了傣族[1]、苗族、瑤族、彝族、景頗族、蒲蠻族[2]、佤族、德昂族、傈僳族、阿佧族[3]。他們原本居住在滇西縱谷，善於狩獵，與自然共存，就如台灣原住民一般。

在高雄農場附近的居所，幾乎家家戶戶都有院子，可以栽種自己熟悉的蔬菜、香料，甚至成爲今日觀光客到訪時解說的微型植物園。

猶記那日午後，我在一個婆婆院子裡看到了許多台灣少見，甚至從未見過的東南亞植物。除了遠遠就看見而吸引我目光的木蝴蝶、木奶果外，更在婆婆這得知，原來魚木的葉子可以食用，又叫雞爪菜。還有毛蛇藤，網路上的中英文資料非常少。可惜婆婆年紀大了，行動不方便，許多植物都乏人照顧。斜對面另一個婆婆也很熱情，馬上採了糯米香讓我聞味道，果然味如其名，十分特別，聞過一次就記得。除此之外，婆婆也栽種了許多東南亞常見的蔬菜，其中最吸引我的是園子裡的大野芋，長得比較矮小，跟其他地方看到的不太一樣，可能是不同的品系。

除了各自的菜園外，社區裡還有一個栽滿各式各樣香草、香料與特殊蔬果的小公園，栽培植物如薑黃、南薑、檸檬香茅、茴香、刺芫荽、香辣蓼、馬蜂橙、薄荷、魚腥草、雷公根、臭菜、大花田菁、雀榕、魚木、守宮木、樹薯、油柑、西印度醋栗、羅望子、密花胡頹子等。大家到這裡吃擺夷料理，還可以認識中國西南少數民族飲食文化中的植物。

1 又稱擺夷族
2 又稱布朗族
3 又稱哈尼族

當時我也問過婆婆是從哪兒來，既不是大理，也不是瀾滄，而是我最嚮往的西雙版納。我又問婆婆這麼多特別的植物，是逃難時帶來的嗎？婆婆解了我多年來的困惑：當時逃難都來不及了，哪有心情記得帶這些？只有少數是當時帶來的，大部分都是後來到泰國，或是兩岸開放後回故鄉帶來的。

信國社區包含精忠、定遠、成功三個眷村，緊貼著荖濃溪，這裡或許跟西雙版納有著不同的風景，不過氣候最是接近，這麼多的熱帶香草與蔬果才得以適應並存活。每當我經過美濃一帶，腦海中總是竊想，除了藉由家鄉的蔬果品味鄉愁外，是不是還會時常在荖濃溪畔思念著瀾滄江——假若我從西雙版納來。

信國社區栽種的大野芋似乎跟其他地方不同品種

信國社區菜園裡有臭菜、雞爪菜、檸檬葉、沙梨橄欖、波羅蜜等熱帶蔬果

信國社區幾乎家家戶戶都有院子，可以栽種自己熟悉的蔬菜、香料

信國社區的香草植物園

no.78

雞爪菜

名稱 魚木、加羅林魚木、樹頭菜、雞爪菜
學名 *Crateva religiosa* G. Forst./*Crateva unilocalaris* Buch.-Ham.
科名 山柑科／白花菜科（Capparaceae）
原產地 印度、斯里蘭卡、不丹、尼泊爾、中國南部、緬甸、泰國、柬埔寨、越南、馬來西亞、蘇門答臘、爪哇、婆羅洲、蘇拉威西、摩鹿加、新幾內亞、澳洲、太平洋島嶼、菲律賓
生育地 定期氾濫森林、潮濕河谷、季風林、路邊、河岸林、雨林
海拔高 0 ～ 700m

● 植物形態與生態

喬木，高可達30公尺。三出複葉，互生，小葉全緣。兩性花，花絲細長，初開白色，漸漸轉爲黃色，繖房花序頂生。漿果橢球形，成熟時灰褐色，果肉黃色，內含扁圓形黑色種子。有重演化現象，實生小苗第一對眞葉爲單葉。廣泛分布在印度、東南亞與太平洋島嶼。喜歡生長在水邊。

上：魚木的花
下：魚木的三出複葉
中肋是綠色

信國社區用魚木葉子醃製的醬菜
（攝影／王秋美博士）

● 食用方式

魚木的嫩葉，在中國雲南地區，以及居住在信國社區的泰緬孤軍都會食用，又稱雞爪菜或樹頭菜。食用方式類似泡菜，和稀飯一起放入玻璃罐中醃製，變酸後即可食用。果實味道很香，國外的資料都說可食，富含維他命C，但有部分國內資料說有毒不可食用。

在台灣，魚木栽培並不廣泛。因此，早期來台居住於信國社區的居民栽培的不是魚木，而是台灣低海拔常見的台灣魚木（*Crateva adansonii* DC. subsp. *formosensis*）。 魚木與台灣魚木形態十分類似，魚木中肋綠色，果實灰褐色；而台灣魚木小葉中肋泛紫紅色，果實成熟爲橘黃色，可以簡單跟魚木區分。

no.79

毛蛇藤

名稱 毛蛇藤
學名 *Colubrina pubescens* Kurz
科名 鼠李科（Rhamnaceae）
原產地 印度、中國雲南、寮國、柬埔寨
生育地 河岸、灌叢、路旁
海拔高 0 ～ 1300m

● 植物形態與生態

毛蛇藤是鼠李科濱棗屬的灌木，新生枝條被柔毛。單葉，互生，全緣或不明顯的疏鋸齒緣。兩性花，聚繖花序，腋生。果實為核果。毛蛇藤的拉丁文屬名是來自拉丁文coluber這個字，意思是蛇，形容它的雄蕊如蛇一般。該屬台灣有自生一種亞洲濱棗（*Colubrina asiatica*），野外分布於恆春半島及蘭嶼。

毛蛇藤的花很細小

● 食用方式

毛蛇藤的相關資料非常少，僅知中國雲南有分布。該植物由來自雲南西雙版納的泰緬孤軍引進，並栽培於信國社區。據泰北文教推廣協會的成員Margaret Huang告知，可以快炒或川燙後拌蒜頭食用。

毛蛇藤新生枝條被白毛

台灣自生的亞洲濱棗與毛蛇藤是同屬的植物

信國社區栽培的毛蛇藤

no.80

糯米香

名稱	糯米香
學名	*Semnostachya menglaensis* H. P. Tsui
科名	爵床科（Acanthaceae）
原產地	中國雲南勐臘
生育地	林邊草地
海拔高	不詳

●植物形態與生態

直立草本或亞灌木，全株被毛，具有糯米香氣。單葉，對生，全緣，兩片葉子常不等大。花細小，穗狀花序，頂生或腋生。蒴果圓柱狀。

●食用方式

糯米香是雲南西雙版納特有的植物，可藥用或加入普洱茶中增添香氣。據說有微量毒素，不可食用過量。目前僅知信國社區有少量栽培。

信國社區栽培的糯米香，與魚腥草、荷蘭薄荷混生

no.81

羊奶果

名稱 密花胡頹子、大果胡頹子、羊奶果
學名 *Elaeagnus conferta* Roxb.
科名 胡頹子科（Elaeagnaceae）
原產地 印度、孟加拉、不丹、尼泊爾、中國南部、緬甸、泰國、寮國、越南、馬來西亞、印尼
生育地 熱帶常綠林、半落葉林
海拔高 0 ～ 2000m

●植物形態與生態

蔓性灌木。葉互生，全緣，葉背有銀白色鱗片。新葉銀白色。花白色，核果，果實可食，長度可達5公分以上，比台灣任何一種原生胡頹子都來得大。

●食用方式

密花胡頹子在市面上通常稱爲大果胡頹子，雲南與緬甸華人則稱其爲羊奶果。雖然比一般常食用的水果酸澀，但氣味很香。除了雲南外，緬甸、越南等國家也會食用大果胡頹子。

上：結實累累的羊奶果（左）；發芽的羊奶果種子（右）
下：羊奶果的葉子（左）；羊奶果的花（右）

no.82

西印度醋栗

名稱	西印度醋栗
學名	*Phyllanthus acidus* (L.) Skeels
科名	葉下珠科（Phyllanthaceae）／大戟科（Euphorbiaceae）
原產地	可能是中美洲或馬達加斯加
生育地	熱帶潮濕地區
海拔高	1800m以下

●植物形態與生態

灌木或小喬木，高可達9公尺。單葉，互生，全緣。單性花，雌雄同株，花小，黃綠色至暗紅色，穗狀花序簇生於樹幹上或葉腋。核果扁球形，有六到八淺稜，成熟時黃色。

西印度醋栗的果實是幹生

小苗

東南亞超市可買到西印度醋栗醃製果實

●食用方式

西印度醋栗跟麻六甲樹——油柑同科同屬，果實滋味也類似，略帶酸澀，適合醃製過後食用。不過果肉較少，即使1920年代就引進台灣，都只是當作趣味果樹或觀果植物栽培，認識的人較少。除了信國社區外，中南部略有栽培。各地東南亞雜貨店可以買到醃製過的果實，包裝與蜜餞類似。

信國社區栽種的西印度醋栗

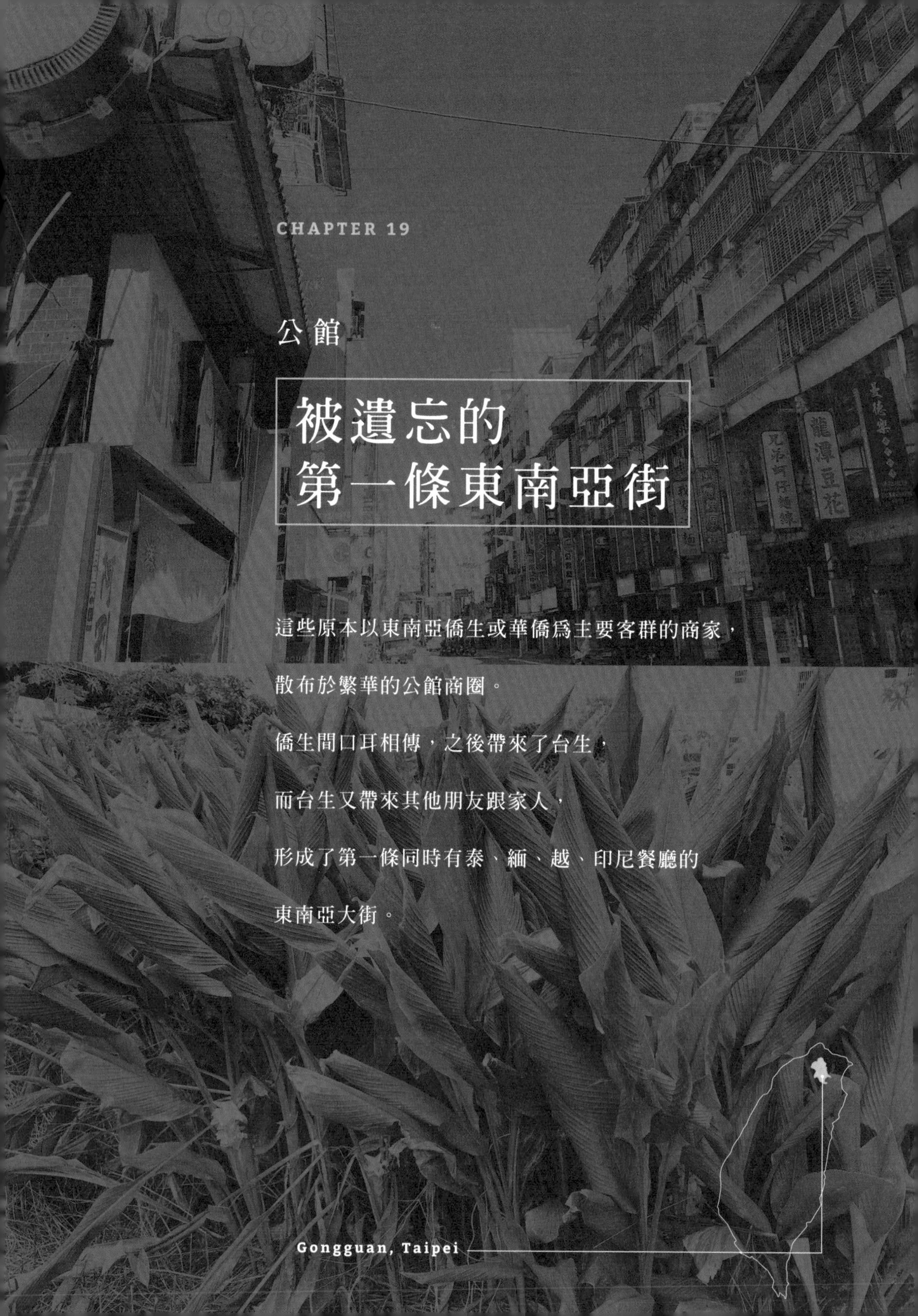

CHAPTER 19

公館

被遺忘的
第一條東南亞街

這些原本以東南亞僑生或華僑爲主要客群的商家，

散布於繁華的公館商圈。

僑生間口耳相傳，之後帶來了台生，

而台生又帶來其他朋友跟家人，

形成了第一條同時有泰、緬、越、印尼餐廳的

東南亞大街。

Gongguan, Taipei

一九七五年發生了兩個大事件：南越淪陷與台泰斷交，間接地促使台北市在一九七〇年代末期出現了第一條東南亞街，而台灣大學及鄰近幾所大學的僑生們，則是東南亞街成功的一大助力。

據林偉明、林志明兄弟口述，他們一九七二年來台求學時，台北市羅斯福路四段的巷弄裡就有一間稱不上店的私廚，由曾在越南大使館擔任司機的夫婦所經營，提供河粉讓越南僑生解饞。當時台灣不流行越南菜，一碗二十五元的河粉對學生而言是奢侈的鄉愁。

南越淪陷後，為了避難，林家遷徙來台，並於一九七五年在台北市汀州路巷子裡租了一家店面，翠林越南餐廳[1]開始營業。營業當然是為了謀生，可是早期汀州路人潮不多，大都是左鄰右舍體諒外地人謀生不易，三不五時來捧場。後來越南難民大量來台，餐廳生意在口耳相傳下日漸興隆，小小店面無法容納大量客人，於是陸續又在原本餐廳的巷口與新生南路上，開了翠薪與翠園兩家分店。

緊接著在一九七九年，另一家老字號越南餐廳——銀座越南美食開張。不知該說是越南華僑因禍得福，還是台灣人情味大爆發，台灣竟因越南赤化而颳起第一波品嚐越南菜的風潮。

在同一時期，一九七八年，台灣目前營業最久的泰式料理餐廳也選擇在公館汀州路展業。一九七〇年代末期，除了越南華僑外，還有不少泰國華僑、緬甸華僑也來到台灣。一九七四年，原本滯留在美斯樂的泰緬孤軍周名揚，帶著妻女馬桂美與周瑪莉買假護照來台。幾年後，原本在美斯樂就是經營餐館的馬桂美，決定繼續在台灣擺攤賣泰北河粉等小吃，正巧女兒周瑪莉於美斯樂興華中學的學弟在台大讀書，知道當時學校裡有許多泰北來的學子，而公館又位在台北到中永和與新店的必經之處，於是馬桂美於水源市場旁經營小攤子起家，到後

1 原址在台北市中正區羅斯福路四段24巷12弄12號，現已停止營業。其他分店仍繼續營業

來在汀州路成立兩層樓的泰國小館，一路堅持販賣來自美斯樂的道地泰式料理。

除此之外，緬甸華僑來台後也不全然都聚集在華新街，有一些人選擇在公館販售滇緬料理。不過爲了吸引顧客，常常會取一個跟「泰」有關的店名，如水源市場旁的金三角泰緬雲南小吃店[2]，或許也是跟翠林越南餐廳或泰國小館差不多時間成立。之後陸續出現的仰光滇緬料理[3]、曼德樂泰式料理等，是以緬甸城市爲名，由緬甸華僑所經營的店家。

早期除了引進已久的檸檬香茅、薑黃、南薑、辣椒等香料外，東南亞香料取得不易，有的設法從國外進口，有的找到替代的植物——例如用九層塔代替打抛，漸漸發展出僑生可以接受，也適合台灣口味的東南亞料理。

到了一九九〇年代，台北車站印尼街、中山北路小馬尼拉、木柵越南街、桃園泰國街、中壢小東南亞、台中小東南亞等移工或新住民商圈才開始要發展的年代，汀州路商圈早已有多家東南亞小吃或餐廳，除了前述的老店外，其他還有清眞泰皇餐廳、泰正點泰式餐坊[4]、椰島印尼食府等。二〇〇〇年代又加入了雲泰小鎮泰式料理、阿剛泰式主題餐廳等店家。

這麼多賣東南亞料理的餐廳或小吃店，即使是第一次踏進這個區域，也很難不注意到。而且說巧不巧，公館竟剛好有一間電影院名叫「東南亞」。

這些原本以東南亞僑生或華僑爲主要客群的商家，散布於繁華的公館商圈。僑生間口耳相傳，之後帶來了台生，而台生又帶來其他朋友跟家人，形成了第一條同時有泰、緬、越、印尼餐廳的東南亞大街——常被遺忘的第一條東南亞街。

2 原址在台北市中正區羅斯福路四段108巷2號，後搬遷至汀州路上的東南亞戲院對面，現已歇業。無法確定創立時間

3 原址在台北市中正區羅斯福路三段284巷1號，現已歇業

4 1996年創立

公館翠薪越南餐廳

台灣營業最久的泰式料理餐廳泰國小館位在汀州路

公館的東南亞戲院與水源市場

台北公館有許多東南亞餐廳

no.83

檸檬香茅

名稱	香茅、檸檬香茅、檸檬草、Sả chanh（越南文）、ตะไคร้（泰文）
學名	*Cymbopogon citratus* (DC.) Stapf
科名	禾本科（Poaceae）
原產地	可能是斯里蘭卡或馬來西亞
生育地	草地
海拔高	低海拔

● 植物形態與生態

多年生草本，高可達2公尺。莖桿直立，叢生。葉細長，可達1公尺。圓錐花序。台灣栽培鮮少開花。

● 食用方式

台灣於1911年引進香茅，1950年代大量生產香茅精油，產量一度位居世界第一，主要栽培於新竹、苗栗、台中及花東縱谷。台灣也因爲曾大量栽培香茅，原本端午節掛香蒲跟艾草的習俗，幾乎都變成了掛香茅跟艾草。

不過香茅種類很多，一般做香料的香茅是檸檬香茅，有類似檸檬的香氣，可以煮湯或生吃，是東南亞料理中萬用的香料，搭配魚肉及海鮮可去除腥味，搭配肉類也十分受歡迎。東南亞各國都會使用，如泰國東炎湯和柬埔寨魚湯米線就一定會加香茅。東協廣場的蔬菜攤上可以買到新鮮的香茅，雜貨店也有乾燥的香茅香料包，四季均有販售。

上：市售的新鮮檸檬香茅
下：市售的乾燥檸檬香茅

no.84

薑黃

名稱 薑黃、Nghệ（越南文）、**ขมิ้น**（泰文）、kunyit（印尼文）

學名 *Curcuma longa* L.

科名 薑科（Zingiberaceae）

原產地 可能是中國南部、東南亞

生育地 不詳

海拔高 0～2000m

● 植物形態與生態

多年生草本，植株高可逾1公尺。塊莖圓柱狀。單葉，互生，全緣，基部鞘狀，直接生於塊莖之上。秋天開花，穗狀花序直立，基部苞片綠色，末梢苞片白色，先端紫紅色。蒴果球形。

台灣所稱的秋薑黃即是本種，秋天開花。春薑黃是鬱金（*Curcuma aromatica*），紫薑黃是莪朮（*Curcuma zedoaria*）。這三種是完全不同的植物，花期、花的顏色、塊莖的顏色、葉片形態也都不同。

田間栽種的薑黃

	薑黃	鬱金	莪朮
花期	8月	4～6月	4～6月
苞片顏色	白色先端泛紅	粉紅色	紫紅色
塊莖顏色	橘黃色	淡黃色	黃色泛紫
葉片	兩面無毛	背面有毛	中肋暗紫紅色

● 食用方式

薑黃栽培歷史久遠，是藥用植物，也是咖哩中十分重要的香料。咖哩的黃色即是薑黃塊莖的顏色。泰文**ขมิ้น**，除了做黃咖哩外，也會用來煮薑黃湯。越南文Nghệ，越南的散餅常用薑黃來染色。印尼文kunyit，常用來做薑黃飯。另外，薑黃也是緬甸料理中魚湯米線的重要香料。四季均可見到，但以冬天爲主要產季。

上：市售的薑黃塊莖
下：華新街薑黃粄條，又稱為黃飯

no.85

南薑

名稱 南薑、高良薑、紅豆蔻、Riềng nếp（越南文）、ข่า（泰文）、Lengkuas（印尼文）

學名 *Alpinia galanga* (L.) Willd.

科名 薑科（Zingiberaceae）

原產地 中國南部、緬甸、泰國、越南、馬來半島、印尼

生育地 森林底層或邊緣

海拔高 低海拔

南薑植株

● 植物形態與生態

月桃屬大草本，莖斜上生長，高可逾1.5公尺。塊莖外皮紅色或白色泛紅。單葉，互生，葉鞘抱莖。花白色，花瓣基部泛紅，圓錐花序頂生。蒴果橢圓球狀或球狀，略呈肉質。

● 食用方式

南薑也是台灣常使用的香料植物與藥用植物。塊莖磨成粉末狀，有濃郁的香氣，中南部常做爲醃李子或牛番茄切盤的沾醬使用。東南亞通常用來熬湯或加入咖哩中，是各種東南亞料理不可或缺的香料。東南亞市場上，幾乎四季均可見到新鮮的南薑。

市售的白南薑

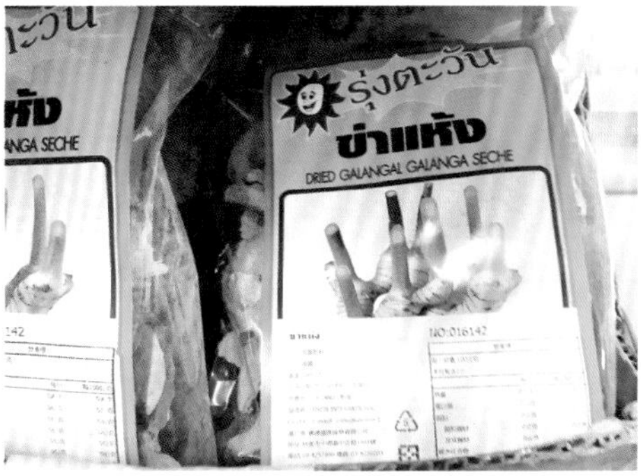

乾燥的南薑片

CHAPTER 20

看得見的移工，看不見的新住民

看得見的移工，帶來了市集；

看不見的新住民，

或許還有許多特別的植物，

等待著我們去發掘。

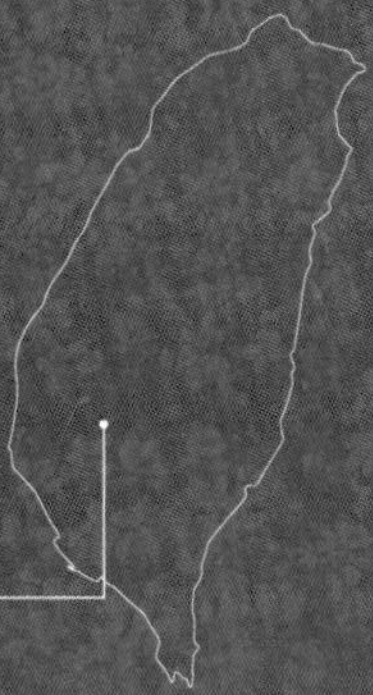

Taiwan

「你在花蓮嗎？找找看有沒有食用肖竹芋。」當王秋美博士來訊時，是我第一次聽到這種植物的名稱，我不認識、也未見過它。用王博士提供的學名搜尋了一下，拿出照片詢問好友奐慶，沒想到他說：「這是越南土豆啊！田裡有，帶你去挖。」那次花蓮行是臨時起意，而當地俗稱越南土豆的植物——食用肖竹芋，得來全不費工夫。好友一直以來不知其名，以爲是薑科植物，也終於水落石出。

還有一次，我透過朋友介紹，向嘉義地區的苗商購買新鮮的木奶果與藍白果。電話聯繫時聽對方的口音應該是新住民，可能是擔心我怕酸不敢吃，一開始還不太願意賣給我。經再三確認後，知道我愛吃這些東南亞水果，才很開心地賣了一些給我。

後來我在無意間發現，嘉義許多種苗商的太太是新住民。也許是因爲農業試驗所嘉義分所的緣故，嘉義地區的種苗業本來就特別發達，廠商也多。新住民的加入，更讓嘉義、台南等地區的種苗業如虎添翼。不論是原先夫家就從事種苗業，抑或是來台後才一起創業打拚，新住民的外語能力佳，加上本身熟悉東南亞的果樹，對種苗業大有幫助。特別是二〇〇〇年之後，更多特殊的東南亞蔬果陸續引進。

另外還有被種在花盆裡的樹菠菜，分了無數盆。泰國、柬埔寨地區都會食用樹菠菜，因此極有可能也是泰國或柬埔寨的新住民所引進。其食用方式就類似菠菜，炒肉絲、煮湯都可以。不過因爲它跟樹薯一樣都是大戟科植物，含有氫氰酸，絕對要煮過才可食用，以免中毒。而更好吃的爪哇田菁，花的大小介於大花田菁與田菁之間，是我目前吃過最好吃的新興東南亞蔬菜，可惜市面上從未見過，目前只知道高雄地區的新住民有栽種。

一些日治時期就引進台灣的熱帶水果，如人心果、星蘋果、刺番荔枝、波蘿蜜等，本來因爲不合台灣口味或是食用不便而乏人問津，直到新住民來台後，才在東南亞市集發光發熱，甚至引進更好吃的品種。而一些新住民來台初期所帶來的熱帶水果，如木奶果、藍白果、葡萄桑、蛇皮果等植物，經過約莫二十年的栽培，早已開花結果。

越南土豆，從它的俗名推測，應該是越南新住民引進台灣；樹菠菜、爪哇田菁也許是泰國新住民帶來的。這些植物目前只有少數新住民栽種自用，尚未大量出現在東南亞市集。而像木奶果、藍白果、葡萄桑、蛇皮果這類東南亞常見的水果，或許是因爲比較怕冷，只能在中南部栽培，採摘後運送到台中以北的大城市可能又不敷人力成本，也未出現在東南亞市集中。想吃要有門路，早早就跟新住民預訂才得以品嚐。

類似上述這樣的植物還有不少：帝皇烏藍、火炬薑、沙薑、泰國黑薑、印尼愛玉、刺芋等，散在台灣各地。隨著臉書普及，這些植物也陸續在網路上出現。

移工及新住民人數多的大城市有東南亞市集，即使只有假日出現擺攤，特殊的蔬果、香料還是會被發現。但是那些工業發展少的縣市，移工人數不多，特別的蔬果就變成新住民間日常交流的自栽農產品罷了。看得見的移工，帶來了市集；看不見的新住民，或許還有許多特別的植物，等待著我們去發掘。

新住民栽培東南亞蔬菜的水田和旱田

在台灣，東協移工與新住民人數多的大城市能夠見到東南亞小吃店、超市或市集，如高雄火車站（上）或台南火車站（下）附近

no.86

越南土豆

名稱 食用肖竹芋、越南土豆、越南鈴薯

學名 *Calathea allouia* (Aubl.) Lindl./*Maranta allouia* Aubl./*Goeppertia allouia* (Aubl.) Borchs. & S. Suarez

科名 竹芋科（Marantaceae）

原產地 哥倫比亞、委內瑞拉、法屬圭亞那、巴西、厄瓜多、祕魯、大小安地列斯

生育地 低地潮濕森林邊緣，地生

海拔高 1400m以下

●植物形態與生態

肖竹芋屬多年生草本，株高約1～1.5公尺，地上部冬季會休眠。地下莖貌似薑，橫走於表土。地下塊根橢圓球狀。

左：越南土豆的植株
右：越南土豆的塊莖與球根

採收前的越南土豆已漸漸枯黃

●食用方式

食用肖竹芋地下塊根如小一號的馬鈴薯，可食用。水煮過便可直接吃，口感脆而微甜。

目前除了各地新住民略有栽培，市場上尚未見過食用肖竹芋。最早可能是花蓮地區的越南新住民所引進，當地稱之爲越南土豆。土豆是中國對馬鈴薯的稱呼，因此也有人稱爲越南鈴薯或越南馬鈴薯。不過，食用肖竹芋跟馬鈴薯在植物學上是完全沒有關係的兩種植物。

越南土豆的球根像是小顆的馬鈴薯

no.87

樹菠菜

名稱 樹菠稜、樹菠菜、**คะน้าเม็กซิโก**（泰文）
學名 *Cnidoscolus aconitifolius* (Mill.) I.M. Johnst.
科名 大戟科（Euphorbiaceae）
原產地 墨西哥
生育地 乾燥至非常潮濕的森林、疏林
海拔高 0 ～ 1700m

●植物形態與生態

灌木，高約8公尺。單葉，互生，掌狀裂，鋸齒緣。單性花，雌雄同株，聚繖花序腋生。蒴果橢圓球狀。應該原產於猶加敦半島，中美洲普遍栽培。

樹菠菜跟樹薯同樣是大戟科植物，形態類似。不過樹薯是掌狀裂全緣，而樹菠菜是掌狀裂鋸齒緣，可以簡單區分。

●食用方式

泰國稱樹菠菜爲**คะน้าเม็กซิโก**，意思是墨西哥甘藍。目前僅知台中有人栽種。採集嫩葉，煮或炒皆可。但務必煮熟，生食會中毒。

上：樹菠菜的植株成小灌木狀
下：樹菠菜的掌狀裂葉

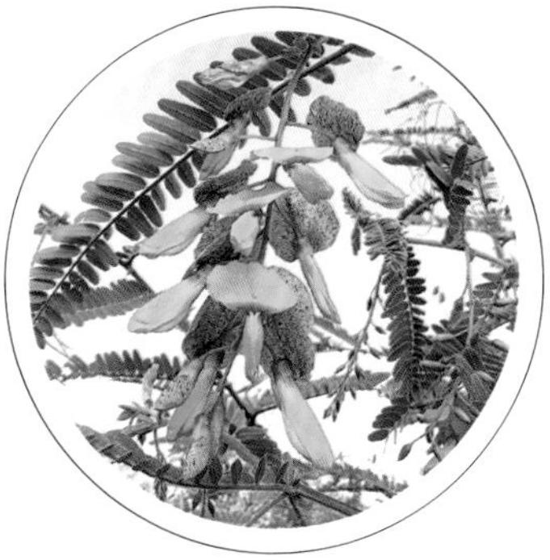

no.88

爪哇田菁

名稱 爪哇田菁、沼生田莖、**ดอกโสน**（泰文）、**ស្នោ**（高棉文）

學名 *Sesbania javanica* Miq.

科名 豆科（Fabaceae or Leguminosae）

原產地 印度、斯里蘭卡、孟加拉、中南半島、馬來西亞、印尼、新幾內亞、澳洲、菲律賓

生育地 低地沼澤、濕地、水田

海拔高 1400m以下

● 植物形態與生態

灌木，高約3公尺。一回羽狀複葉，莖、葉都密被毛。蝶形花橘黃色，旗瓣背面有不規則暗紫褐色細斑點。總狀花序腋生。莢果細長。乍看之下跟常見的綠肥作物田菁很類似，但是它的花比田菁（*Sesbania cannabina*）大，較大花田菁（*Sesbania grandiflora*）小，加上全株毛絨絨的，很容易區分。

爪哇田菁的旗瓣背面有不規則暗紫褐色細斑點

爪哇田菁的花序下垂，於傍晚開花

● 食用方式

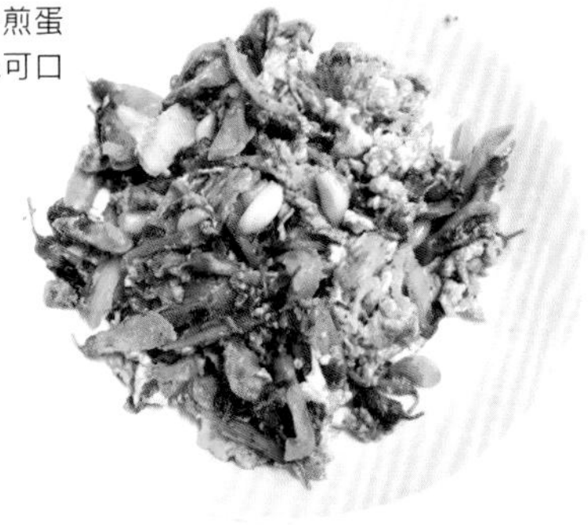

爪哇田菁煎蛋非常美味可口

爪哇田菁是從王秋美博士園子裡採集到的蔬菜，還不曾在國內販售東南亞蔬菜的攤子上見過。跟其他田菁在上午開花的特性不同，它是在傍晚開花。不僅跟大花田菁一樣花可以食用，嫩葉也可以食用。應該是近年來高雄地區的新住民所引進，還十分少見。泰文**ดอกโสน**，意思就是田菁。泰國、柬埔寨、寮國都會食用。可以炒豬肉或煎蛋；生吃微甜沒有澀味，炒熟後十分爽口，類似金針花的口感，是我目前在台灣吃過的新興東南亞蔬菜最好吃的一種。

no.89

木奶果

名稱 木奶果、酸蘭薩果、三仙果
學名 *Baccaurea ramiflora* Lour.
科名 葉下珠科（Phyllanthaceae）／大戟科（Euphorbiaceae）
原產地 印度、不丹、尼泊爾、中國南部、緬甸、泰國、寮國、柬埔寨、越南、馬來半島、安達曼、尼古巴
生育地 常綠原始雨林
海拔高 50 ～ 1700m

● 植物形態與生態

喬木，高可達20公尺。單葉，互生，全緣或不明顯鋸齒緣，葉尖尾狀，具托葉。單性花，雌雄異株，總狀花序幹生，果皮有黃色或紅色。

黃皮的木奶果

紅皮的木奶果

木奶果的植株

木奶果的花序

木奶果的果實

木奶果的果肉有三瓣

● 食用方式

木奶果大概是1980年代或1990年代末期，由泰緬孤軍、新住民或種苗商所引進，中南部各地，像是信國社區略有栽植。果實雖然滋味不錯，但真的很酸，台灣多數人都吃不習慣。市場上未見販售，僅能跟中南部新住民或果樹苗商訂購。

no.90

藍白果

名稱 藍白果、蘭白果、番唐果、多脈木奶果、ละไม（泰文）、Rambai、Rambi（馬來文）

學名 *Baccaurea motleyana* Müll.Arg.

科名 葉下珠科（Phyllanthaceae）／大戟科（Euphorbiaceae）

原產地 泰國南部、馬來半島、蘇門答臘、爪哇、婆羅洲、摩鹿加

生育地 原始雨林、次生雨林

海拔高 15 ～ 500m

●植物形態與生態

喬木，高可達26公尺。單葉，互生，全緣或疏鋸齒，短尾狀尖，新葉泛紅。單性花，雌雄異株，總狀花序幹生。果實可食，大小如鳥蛋。成熟時仍舊是綠皮。剝開後果肉約1～3瓣，果肉半透明，略呈橘紅色。

上：藍白果在台灣中南部偶見栽培
下：藍白果的果實也是生於樹幹上
右：藍白果的葉子與木奶果十分類似

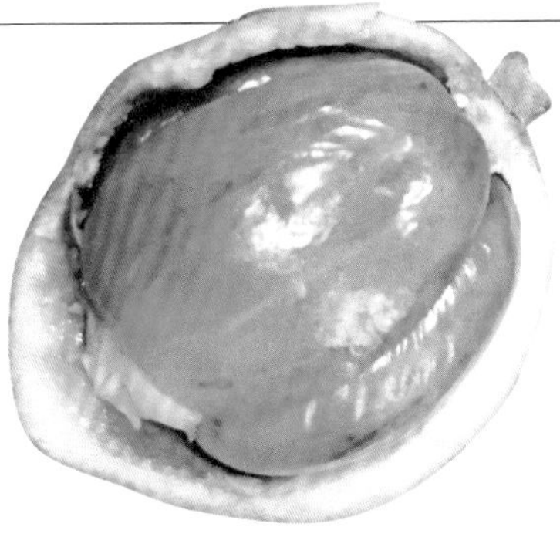

藍白果的果皮綠色，果肉泛紅

●食用方式

藍白果又稱番唐果，酸酸甜甜，具有特殊香味，個人覺得比木奶果更甜更好吃。馬來西亞跟印尼稱之爲Rambai或Rambi，泰文是ละไม，轉寫是lami。音譯就是藍白或拉邁。

生長在東南亞低地龍腦香雨林中，引進時間不明，推測是1990年後新住民所引進，中南部偶見栽培。台灣市場上買不到這種水果，只能跟中南部的新住民訂購。第一年生小苗十分畏寒，且需遮蔭。

no.91

葡萄桑

名稱 葡萄桑、山荔枝、Pulasan（馬來文）、Kapulasan（印尼文）

學名 *Nephelium mutabile* Blume/
Nephelium ramboutan-ake (Labill.) Leenh.

科名 無患子科（Sapindaceae）

原產地 印度東北部、緬甸、泰國、馬來半島、蘇門答臘、爪哇、婆羅洲、蘇拉威西、菲律賓

生育地 原始龍腦香森林、次生林、山地森林

海拔高 0 ～ 1300（1950）m

●植物形態與生態

大喬木，高可達38公尺，基部具板根。一回羽狀複葉，小葉全緣。花細小，圓錐花序。果實橢圓形，成熟時紫黑色，外果皮有很多不規則棘狀突起。中果皮半透明。

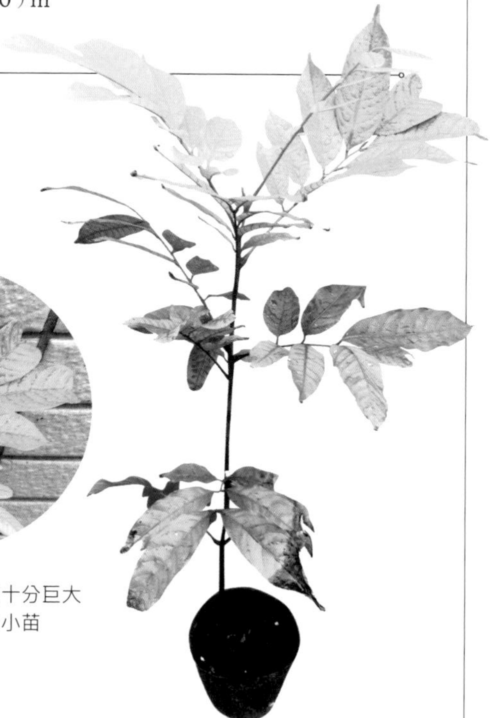

左：葡萄桑的果實十分巨大
中、右：葡萄桑的小苗

葡萄桑的果實與果肉

●食用方式

葡萄桑原產於東南亞，推測是2000年以後引進台灣。雖然與紅毛丹同屬，果實大小也差不多，但是吃起來比常見的紅毛丹更甜。雖然台灣南部已經有可以結果的植株，但是產量極小。市場上可以買得到紅毛丹，卻買不到葡萄桑。如果想品嚐葡萄桑，只能透過特殊管道購得。

no.92

蛇皮果

名稱 蛇皮果、沙拉卡椰子

學名 *Salacca zalacca* (Gaertn.) Voss

科名 棕櫚科（Palmae）

原產地 蘇門答臘、爪哇、婆羅洲、西里伯斯、小巽他群島

生育地 低地雨林

海拔高 500m以下

● 植物形態與生態

灌木。莖短。一回羽狀複葉叢生基部，直立高達6公尺，小葉葉背略呈白色，葉柄密生尖刺。單性花，雌雄異株。果實如雞蛋一般大，果皮褐色，如蛇皮一般，故名。

上：蛇皮果的葉柄有滿滿的刺；下：蛇皮果的花序；右：蛇皮果的植株巨大

蛇皮果的小苗

蛇皮果的果實與果肉

印尼進口的蛇皮果乾

● 食用方式

蛇皮果又稱沙拉卡椰子，果肉可食，但有特殊味道，不是人人都能接受，引進台灣多年卻不受歡迎。花市偶見苗株，竹山下坪熱帶樹木園亦有栽培。中南部有少量栽培，每年夏末時結果，但多半是新住民比較會購買及食用。此外，印尼超市則可以買到蛇皮果果乾。

no.93

火炬薑

名稱 火炬薑、瓷玫瑰、**ดาหลา**（泰文）、Pokok Bunga Kantan（馬來文）、Kecombrang（印尼文）

學名 *Etlingera elatior* (Jack) R. M. Sm.

科名 薑科（Zingiberaceae）

原產地 泰國、馬來西亞、印尼、菲律賓

生育地 森林底層或邊緣

海拔高 低海拔

●植物形態與生態

多年生超大草本，在東南亞葉莖可以達10公尺高。單葉，互生。花序由塊莖直接長出，花莖可以超過2公尺。整個花序如毬果一般，外層苞片較大，內層小，多半爲紅色，也有粉紅色或白色。果實爲聚合果，成熟暗紫紅色。

●食用方式

火炬薑全台偶見，最早是1967年園藝考察團自斐濟帶回，隔年張碁祥又自夏威夷引進，主要栽培供觀賞或切花。不過它的嫩莖、苞片與果實皆可食用。在泰國南部及馬來半島地區，會將火炬薑的苞片切絲，做爲香料撒在咖哩或叻沙上面。印尼各地也有不同的使用方式，或是加在參峇辣醬裡，或是混在沙拉中。其嫩莖可拿來炒山羊或山豬肉，果實則可生吃或醃製後食用。

火炬薑的植株非常巨大

左：紅色的火炬薑花；右：白色的火炬薑最少見
下：粉紅色的火炬薑花

no.94

沙薑

名稱 山柰、三柰、沙薑、番鬱金、**เปราะหอม**（泰文）、Cekur（馬來文）、Kencur（印尼文）

學名 *Kaempferia galanga* L.

科名 薑科（Zingiberaceae）

原產地 印度、孟加拉、中國南部、中南半島

生育地 疏林、林緣、竹林

海拔高 0 ～ 1000m

●植物形態與生態

多年生草本，冬季會休眠，地下塊莖肥大。單葉，通常兩枚對生，無柄，全緣或波狀緣。花白色，中央泛紫，穗狀花序短，生於兩葉之間。果實為蒴果。

盆植沙薑

●食用方式

沙薑於1930年代引進台灣，早期多半栽培供藥用或觀賞。不過它的塊莖和薑一樣有特殊的香氣，也是東南亞地區常使用的香料，近年來新住民普遍做香料使用。咖哩、沙嗲中多半都會加入沙薑。梵文稱之為कचोर，轉寫成kacora，意思是白色的薑黃，並影響沙薑的馬來文與印尼文。馬來西亞會將塊莖搗碎跟飯一起吃，或是切片跟米一起煮；在印尼，沙薑是很受歡迎的香料，除了使用塊莖，嫩葉也做為蔬菜。

沙薑的塊莖與葉皆可食

no.95

泰國黑薑

名稱 泰國黑薑、小花山柰、小花孔雀薑、黑甲猜、**กระชายดำ**（泰文）

學名 *Kaempferia parviflora* Wall. ex Baker

科名 薑科（Zingiberaceae）

原產地 泰國

生育地 不明

海拔高 不明

● 植物形態與生態

孔雀薑屬中大型的種類。冬季會休眠。單葉，全緣，新葉、葉緣及葉鞘皆泛紅。花極小，跟葉片不成比例，而且花序成杯狀，相當特殊。野外生長狀況不明。

● 食用方式

泰國黑薑又稱小花山柰、小花孔雀薑，植株類似甲猜，但塊莖內部是紫黑色，是泰國的藥用植物。泰文**กระชายดำ**，是甲猜**กระชาย**和黑色**ดำ**兩個字所組成。不過它不做香料使用，而是泡藥酒飲用。據說有很多功效，所以又被稱爲「泰國人蔘」。大概是在2010年後引進台灣，主要在一些新住民與草藥商之間流通。

泰國黑薑的植株

泰國黑薑的花與葉不成比例

no.96
印尼愛玉

名稱 印尼愛玉、Cincau hijau（印尼文）、Grass jelly（英文）
學名 *Premna oblongifolia* Merr.
科名 馬鞭草科（Verbenaceae）／唇形科（Lamiaceae）
原產地 印尼、新幾內亞、菲律賓
生育地 岩石坡叢林
海拔高 低至中海拔

●植物形態與生態

木質藤本，單葉，對生，全緣。花果形態不詳，可能是聚繖花序，核果。

上：印尼愛玉的植株；下：印尼愛玉的葉子對生

印尼愛玉的葉子打碎搓揉後會凝固成凍
（攝影／王秋美博士）

STEP 1

STEP 2

STEP 3

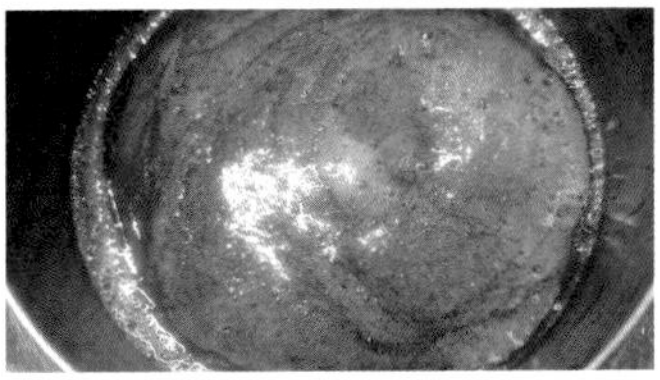

STEP 4

●食用方式

印尼愛玉的用途跟雅囊葉雷同，葉片加水搓揉後會凝結成凍，可以製成類似仙草或愛玉之類的點心。目前僅知中南部有少量栽培，市場尚未見過。

no.97

刺芋

名稱 刺芋、ผักหนาม（泰文）
學名 *Lasia spinosa* (L.) Thwaites
科名 天南星科（Araceae）
原產地 印度、斯里蘭卡、尼泊爾、不丹、孟加拉、中國南部、緬甸、泰國、寮國、柬埔寨、越南、馬來西亞、印尼、新幾內亞
生育地 熱帶森林內潮濕地、沼澤林、河岸，挺水植物
海拔高 1500m以下

●植物形態與生態

超大型的水生草本，高可達2公尺。莖直立或斜上生長。葉二型，心形全緣葉或一回羽狀裂葉。在較陰暗的地方裂片較寬，裂片與裂片之間會靠很近，在全日照的環境下，裂片會變得很細，像魚骨狀。葉柄及葉背都布滿刺。佛焰苞暗紅色，扭曲而直立，高可達60公分。花梗具刺。廣泛分布在亞洲熱帶地區至新幾內亞，通常生長在森林內遮蔭的濕地。

●食用方式

刺芋拉丁文種小名意思是有刺的，於《台灣植物誌》第二版列爲存疑種。花市偶爾可見，台北植物園、新竹綠世界、台中科博館植物園都有栽培。可供藥用，中國雲南和泰國則將嫩葉做爲蔬菜食用。

刺芋的羽狀裂葉

開花結果的刺芋

不裂葉的刺芋

no.98
帝皇烏藍

名稱 帝皇烏藍、Sao nhái hồng（越南文）、Ulam Raja（馬來文）、Kenikir（印尼文）、Wild Cosmos（菲律賓文）
學名 *Cosmos caudatus* Kunth
科名 菊科（Asteraceae）
原產地 墨西哥、貝里斯、瓜地馬拉、宏都拉斯、尼加拉瓜、哥斯大黎加、巴拿馬、哥倫比亞、西印度群島
生育地 田野、草地
海拔高 0～2600m

● 植物形態與生態

秋英屬一至多年生草本，莖直立，高可達2公尺。葉三回羽狀深裂，十字對生。頭狀花序頂生，外圈花瓣粉紅色。

● 食用方式

帝皇烏藍的中文名是來自馬來文Ulam Raja，烏藍（Ulam）是菜的意思，Raja就是王。許多馬來西亞的植物學名中都有raja這個字，如海棠王秋海棠（*Begonia rajah*）或馬來王豬籠草（*Nepenthes rajah*）。菲律賓稱爲Wild Cosmos，意思是野生的秋英。原產於中美洲，傳到東南亞地區後莫名流行。這種有苦澀味的生菜可以沾魚露或參峇醬直接生吃，或是煎蛋一起吃。在馬來西亞當地居民的心目中是一種養生蔬菜。

2017年國立台灣博物館南門園區所舉辦的「南洋味，家鄉味」特展中，我首次看到並認識這種植物，2018年後又在社群網站上發現有新住民引進並栽培。

帝皇烏藍莖直立，三回羽狀裂葉

CHAPTER 21

熟悉又陌生的南洋味

一些原本我們熟悉的植物與香料，

新住民與移工提供了

新的使用方法與消費地點。

透過新住民的眼睛，

重新認識熟悉又陌生的南洋味。

Taiwan

圍於我們的經驗，有很多植物不敢或不知道能食用，而一些熟悉的香料，以前鄉下庭院常會栽培，都市化以後卻不知道如何取得。新住民跟移工來到台灣，開拓了我的視野，也改變了我的消費方式。

二〇一八年四月，好友傳照片來問我，他家裡的印尼籍幫傭採集食用的植物是什麼，赫然發現竟是我從小就熟悉的植物——銀合歡。不論是池塘邊、水圳旁，甚至鄉下的馬路旁都十分常見。但我一直覺得它是入侵植物，沒有特別去注意過它可不可以食用。直到這個事件後，才知道原來東南亞的移工——特別是泰國籍或印尼籍，會採食銀合歡的嫩葉或未熟的綠色豆子，甚至做爲印尼自助餐店的一道菜。

認眞查了資料後，我發現銀合歡的幼葉與豆子富含蛋白質，可以做豬或牛飼料。人類當然也可以食用，嫩葉或未熟的青豆，炒或煮皆可，甚至馬來西亞跟印尼，都稱銀合歡爲某某臭豆[1]。這才恍然大悟，原來銀合歡竟是臭豆的代替品！此外，成熟的豆子炒熟後亦可做咖啡的代用品。不過因爲具有含羞草鹼等毒素，會導致落髮，所以台灣不食用這種滿山遍野的入侵植物。

除了銀合歡，這些年我還陸續在東協廣場發現了兩種台灣常見的草本植物——過長沙與雷公根。過長沙是會回甘的越南苦菜，越南海鮮料理必加；雷公根則是越南愛喝的蛤殼草茶的原料，滋味很好。除了進口的罐裝飲料外，也可在東協廣場買到新鮮葉子，還有現打成汁的飲料，清涼退火，甚至開發做成保養品，眞令我大開眼界。至於台灣全島低海拔常見的幹花榕，台中東協廣場也曾販賣。根據越南移工所述，北越會用幹花榕的嫩葉來包手卷，味道酸中帶苦，而南越則不會食用。

1 馬來文稱銀合歡petai belalang，意思是蝗蟲臭豆，印尼文稱之爲petai cina，意思是中國臭豆

我們熟悉的胡椒——催生地理大發現的重要香料，除了乾燥未去皮的黑胡椒與去皮的白胡椒，東協廣場冰箱裡經常可見到新鮮、綠色的胡椒串。還有胡椒的親戚荖葉，台灣人總是將它跟檳榔綁在一起，其實它是很好的香料，東南亞地區會用它來煮咖哩雞、包成手卷食用。印尼還因爲荖葉的藥性開發出荖葉面膜、牙膏、護手霜、沐浴乳甚至茶飲。這些我們熟悉的香料植物，在東南亞有我們陌生的使用方法。

台灣常見的行道樹木棉花跟猴面果，在泰國也有截然不同的使用方式。木棉花的花絲曬乾後，其實也可以入菜。在桃園，中壢火車站前的泰國雜貨店、龍岡的忠貞市場都有販售。近年來泰國流行的美白抗皺保養品「馬哈德」，是音譯自泰文มะหาด，轉寫作Mahad，指的是台灣俗稱的猴面果，日治時期引進的熱帶果樹。因爲其木材含有抗自由基的成分，近年來泰國將它開發成彩妝產品，同樣可以在中壢火車站前的泰國雜貨店找到。

還有平常我們在台北迪化街與中藥鋪等地方購買的丁香、肉豆蔻、綠豆蔻[2]、白豆蔻[3]、草豆蔻[4]、草果[5]、芫荽子、肉桂、八角、砂仁，不知你是否曾發現，這些都是東南亞超商與雜貨店找得到的乾香料。而新鮮的薄荷、紫蘇，有時想用，傳統市場或超市卻往往買不到，只能等假日去花市買盆栽回家栽培，需要時即採即用。其實，現在還有更方便的採買方式：直接到東協廣場之類的菜攤上，如菜一般整把整把地買，皆是新鮮好味道。

新住民與移工帶來了我們陌生的蔬果與香料，許多人不敢嘗試。那麼，一些原本我們就熟悉的植物與香料，新住民與移工提供了新的使用方法與消費地點，我們是不是可以先試著了解？透過新住民的眼睛，重新認識熟悉又陌生的南洋味。

芫荽子也是印尼商店常見的香料

我們熟悉的薄荷、紫蘇，還有丁香、肉豆蔻、肉桂、八角，在台灣各地的東南亞超市、菜攤、雜貨店也都找得到

2 拉丁文學名：*Elettaria cardamomum*，薑科，又稱小豆蔻，原產印度
3 拉丁文學名：*Amomum compactum*，薑科，原產印尼
4 拉丁文學名：*Alpinia katsumadai*，薑科，原產中國南部
5 拉丁文學名：*Amomum tsaoko*，薑科，原產中國南部與中南半島北部

no.99

銀合歡

名稱 銀合歡、**ผักกระถิน**（泰文）、petai belalang（馬來文）、petai cina、petai selong（印尼文）

學名 *Leucaena leucocephala* (Lam.) de Wit

科名 豆科（Fabaceae or Leguminosae）

原產地 中美洲

生育地 潮濕至乾燥森林、灌叢

海拔高 0 ～ 1500m

●植物形態與生態

銀合歡是灌木或小喬木，高可逾10公尺。二回羽狀複葉，互生，托葉早落。花白色，聚生成頭狀花序，腋生。莢果扁平，成熟時會開裂。

銀合歡的頭狀花序

銀合歡的嫩豆芽竟是印尼自助餐的一道菜

●食用方式

最早於1645年由荷蘭人引進。之後又多次引進，並大規模造林，做爲牲畜飼料與燃料，現已廣泛歸化全島。由於繁殖力強，並具有毒他作用，會釋放毒素抑制其他植物生長，已成爲全球百大入侵植物。

不過，銀合歡的葉子與豆子富含蛋白質，除了做爲牲畜的飼料外，泰國南部至印尼一帶也會食用其嫩葉或未熟的青豆，炒或煮皆可。熟豆炒熟則可做咖啡的代用品。

銀合歡的豆莢與未熟的豆子，
是印尼移工心中的小臭豆

no.100
雷公根

名稱 雷公根、蛤殼草、Rau má（越南文）、Pegagan（印尼文）
學名 *Centella asiatica* (L.) Urb.
科名 繖形科（Apiaceae）
原產地 熱帶亞洲、台灣
生育地 潮濕地、草地、牆角
海拔高 0 ～ 1200m

●植物形態與生態

雷公根是多年生草本，莖極短，葉叢生於莖頂，依靠匍匐生長的走莖繁殖。單葉，腎形，粗鋸齒緣，葉柄細長。花細小，繖形花序腋生。果實爲離果。

●食用方式

雷公根是平地常見的野草，新住民多半稱爲蛤殼草。葉子可以打成蔬菜汁，不論是新鮮現打或罐裝果汁，東協廣場都有販售。此外，東協廣場的印尼商店還可以找到含有雷公根成分的清潔用品。

東協廣場菜攤上的新鮮雷公根葉

現打雷公根汁

雷公根罐裝飲料

印尼商店販售含有雷公根成分的洗面乳和香皂

no.101

過長沙

名稱	過長沙、假馬齒莧、水豬母乳、小對葉、越南苦菜、Rau đắng biển（越南文）
學名	*Bacopa monnieri* (L.) Pennell/*Lysimachia monnieri* L.
科名	車前草科（Plantaginaceae）
原產地	印度、中國南部、東南亞、台灣
生育地	沼澤、濕地或水田
海拔高	海岸至低地

● 植物形態與生態

過長沙是匍匐性草本，節上易生根。葉對生，無柄，倒卵形，全緣或略呈鋸齒緣，微肉質。花白色或淡粉紅色，單生於葉腋。蒴果。好水生的植物，適應力極強，可忍受有潮汐的半鹹半淡環境，可沉水，也可直接在乾地上生長。

● 食用方式

台灣也是過長沙的原生地，因適應力強，常被栽培在人工濕地做綠美化，也被栽培於水族箱做水草，水族業者多半稱之爲小對葉。由於形態類似俗稱豬母乳的馬齒莧（*Portulaca oleracea*），故又有假馬齒莧或水豬母乳等別稱。

越南稱過長沙爲Rau đắng biển，意思是苦菜。有苦味，吃後會回甘。它沒有明顯香氣，但使用方式卻類似香料，是做魚粥、魚火鍋或海鮮料理不可或缺的一味。有時會被加入越南的法國麵包三明治中，也可當蔬菜炒食。東協廣場的菜攤上四季可見。

左：過長沙的植株
右：市場待售的過長沙

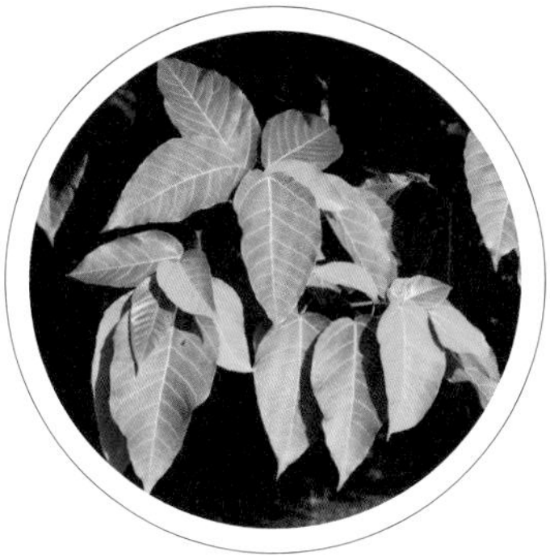

no.102
幹花榕

名稱 幹花榕、雜色榕、Sung trổ、Lá sung（越南文）
學名 *Ficus variegata* Blume/
Ficus variegata Blume var. *garciae* (Elm.) Corner
科名 桑科（Moraceae）
原產地 印度、中國南部、緬甸、泰國、越南、安達曼、馬來半島、婆羅洲、澳洲、菲律賓、蘭嶼、綠島、台灣、琉球
生育地 原始森林、次生林
海拔高 1200m以下

●植物形態與生態

大喬木，高可達40公尺。葉互生，全緣，托葉早落。單性花，雌雄異株。隱頭花序單生或叢生，生於主幹或大側枝。果實球形。

上：幹花榕的葉子
下：幹花榕的隱頭花序開在樹幹上

東協廣場販售的幹花榕枝葉

●食用方式

幹花榕是台灣低海拔常見的植物，中南部也有栽培供鹿食用。2018年10月我在台中東協廣場首次觀察到有販賣。越南稱其樹爲Sung trổ，其葉爲Lá sung，北越會用幹花榕的嫩葉來包手卷，而雲南則會跟小魚乾一起煮湯。

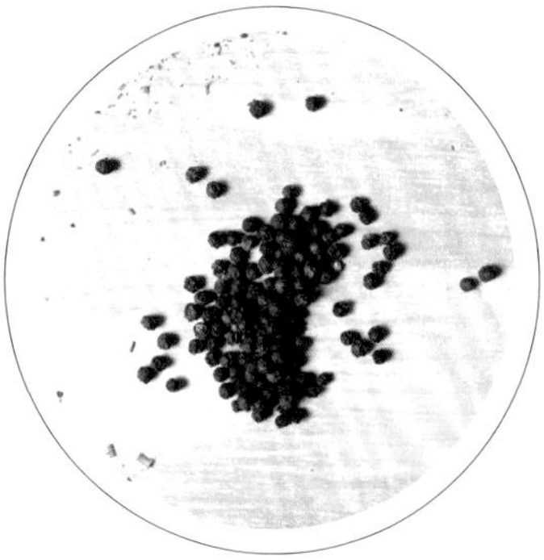

no.103

胡椒

名稱　胡椒、黑胡椒、Hồ tiêu（越南文）、**พริกไทย**（泰文）、Black pepper（英文）

學名　*Piper nigrum* L.

科名　胡椒科（Piperaceae）

原產地　印度西高止

生育地　熱帶森林

海拔高　0 ～ 500m

● 植物形態與生態

藤本，莖的每一節都會發根，著生於樹上。單葉，互生，全緣。肉穗狀花序與葉對生。漿果球形。

胡椒的植株

泰國雜貨店冰箱裡的新鮮綠胡椒

● 食用方式

胡椒是全世界廣泛使用的香料，台灣於1937年便引進栽植，花市偶爾也可看到胡椒盆栽。一般來說，乾燥的胡椒香料有白、黑、綠、紅，全部都是本種所製成。所謂的白胡椒，是去皮乾燥的胡椒種子；黑胡椒是連皮乾燥的胡椒果實；而綠胡椒是以鹽水或醋處理未成熟的胡椒果實後再乾燥，保留了綠色外皮；紅胡椒則是以鹽水或醋處理成熟的胡椒果實後再乾燥，保留了紅色或橘紅色外皮。新鮮的綠胡椒味道濃郁且辛辣，比乾燥的胡椒更香，可惜非常容易腐爛，只有在泰國等地才會使用。台灣的泰國雜貨店也能買到新鮮的胡椒。另外，越南稱胡椒為Hồ tiêu，聽起來跟台語的胡椒類似。

no.104

荖葉

名稱 荖藤、荖葉、蔞葉、蒟醬、พลู（泰文）、Sirih（印尼文）、betle（英文）

學名 *Piper betle* L.

科名 胡椒科（Piperaceae）

原產地 可能是馬來西亞及印尼一帶

生育地 熱帶森林

海拔高 900m以下

● 植物形態與生態

藤本，莖的每一節都會發根，攀附於樹上或岩石上。單葉，互生，全緣。單性花，雌雄異株，肉穗狀花序與葉對生。漿果。

栽培荖藤的田會立竹竿讓荖藤攀爬

● 食用方式

荖葉是荖藤的葉子，未熟果則稱為荖花，都是吃檳榔時常用的香料。台灣南部野外也有，不確定是原住民史前引進，或是自然分布。除了包檳榔外，嫩葉也可以像假蒟一樣用來包手卷，或是煮咖哩時添加。

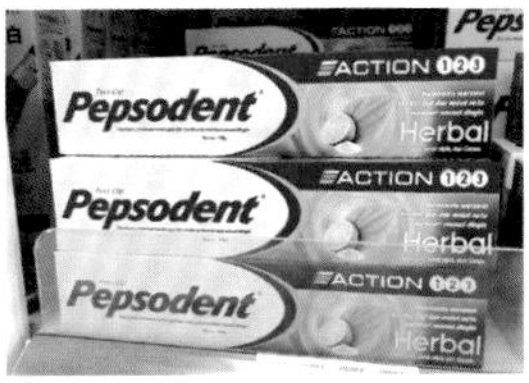

台灣的印尼商店也有販售荖葉做的香皂與牙膏

各種添加荖葉成分的婦潔液與沐浴用品

泰國雜貨店會販售荖葉的嫩葉，它也可以像假蒟一樣用來包手卷食用

no.105
木棉花

名稱	木棉、งิ้ว（泰文）
學名	*Bombax ceiba* L.
科名	錦葵科（Malvaceae）木棉亞科（Bombacoideae）
原產地	印度、中國南部、中南半島、馬來西亞、印尼、澳洲東北、菲律賓
生育地	溝谷雨林、季風林至疏林
海拔高	1400m以下

● 植物形態與生態

大喬木，高可達40公尺。樹幹通直，樹幹上有刺，枝條輪生。掌狀複葉，小葉全緣，小葉柄與葉柄極長。花爲橘紅色，大型，單生。蒴果紡錘形，內有棉絮。

木棉花通常都是做行道樹

中壢的泰國商店與忠貞市場都可以買到乾燥的木棉花花絲

● 食用方式

木棉花在台灣是大家熟悉的景觀植物，卻不知花可以食用。泰國雜貨店能夠買到花絲菜乾，食用方式類似金針花，可用來煮湯。

關於木棉花的引進，以及與台灣文化間的關聯，可以參考《看不見的雨林——福爾摩沙雨林植物誌》一書。

no.106
猴面果

名稱 猴面果、**มะหาด**（泰文）

學名 *Artocarpus lacucha* Buch.-Ham./*Artocarpus lakoocha* Roxb.

科名 桑科（Moraceae）

原產地 印度、斯里蘭卡、孟加拉、不丹、尼泊爾、中國雲南、緬甸、泰國、寮國、柬埔寨、越南、馬來西亞、蘇門答臘、爪哇、婆羅洲、新幾內亞、菲律賓

生育地 原始龍腦香林、尤其近河岸或溪畔

海拔高 500（1500）m以下

●植物形態與生態

大喬木，高可達37公尺。葉互生，全緣或略鋸齒緣，托葉早落。單性花，雌雄同株。聚合果可食。

上：猴面果的雄花與雌花；下：猴面果的葉子

中壢車站的泰國商店販售猴面果木頭做的磨砂粉

●食用方式

猴面果又稱爲拉哥加樹或野波羅蜜。台灣於1930年代引進，中南部校園跟植物園可見。水果可以吃，也可以煮咖哩。樹皮有時候會跟檳榔一起嚼食。泰國近年來發現木材含有抗自由基的成分，並將它開發做彩妝產品。

猴面果的果實酸甜可食，台灣人不愛，但我曾見過外籍移工採食

no.107

肉豆蔻

名稱	肉豆蔻、fragrant nutmeg（英文）
學名	*Myristica fragrans* Hoult.
科名	肉豆蔻科（Myristicaceae）
原產地	印尼摩鹿加
生育地	潮濕的低地森林
海拔高	0 ～ 500m

●植物形態與生態

小喬木，高可達20公尺。單葉，互生，全緣。單性花，雌雄異株，花小，聚繖花序，腋生。核果，成熟後會開裂，假種皮紅色，種子黑褐色。

●食用方式

肉豆蔻是華人自古便會使用的香料，台灣早期多半於中藥店購得。有販賣印尼雜貨的東南亞雜貨店也會販賣。雖然是香料，但是有微毒，使用過量會致幻。

乾燥的肉豆蔻假種皮

印尼雜貨店通常販售帶殼的肉豆蔻，中藥店稱之為香果

已去殼的肉豆蔻

豆蔻家族的綠豆蔻（左上）、白豆蔻（右上）、草豆蔻（左下）、草果（右下），在東南亞商店也都可以見到，但是這些都是薑科植物，與肉豆蔻關係較遠

豆蔻皮是包覆在肉豆蔻種子外的假種皮，新鮮時是紅色。照片中是蘭嶼肉豆蔻，學名是*Myristica cagayanensis*

台灣的印尼商店有時也可以買到種子比較長形的望加錫肉豆蔻（Macassar nutmeg），它是肉豆蔻的代用品，學名是*Myristica argentea*

no.108

丁香

名稱 丁香、Clove（英文）
學名 *Syzygium aromaticum* (L.) Merrill &Perry
科名 桃金孃科（Myrtaceae）
原產地 印尼摩鹿加
生育地 雨林
海拔高 0 ～ 1000m

● 植物形態與生態

小喬木，高可達20公尺。單葉，對生，全緣。花萼紅色，花瓣細小，花絲細長，聚繖花序頂生。花謝後，花萼後發育成倒圓錐狀的漿果，成熟時暗紅色。

● 食用方式

丁香其實跟我們常食用的蓮霧是同屬植物，果實形態類似，稱爲母丁香。而一般常用的丁香，又稱公丁香，是乾燥的丁香花蕾。初爲白色，開花前轉成暗紅色即可採收。1936年曾引進台灣，但是栽培並未成功。除了中藥店外，各地東南亞雜貨店也可以購得。

東南亞雜貨店販售的丁香

公丁香是丁香的花蕾

由左而右依序是母丁香、公丁香、丁香種子
母丁香即丁香的果實

no.109

荷蘭薄荷

名稱 荷蘭薄荷、皺葉綠薄荷、皺葉留蘭香、lục bạc hà（越南文）、สเปียร์มินต์（泰文）、curled spearmint（英文）

學名 *Mentha spicata* var. *crispata* (Schrad. ex Willd.) Schinz & Thell.

科名 唇形科（Lamiaceae）

原產地 歐洲

生育地 半遮蔭的環境

海拔高 不詳

● 植物形態與生態

多年生草本，分枝多數，高可達60公分。單葉，十字對生，鋸齒緣，葉脈於表面凹下。花細小，輪繖花序頂生。堅果細小。

● 食用方式

荷蘭薄荷又稱皺葉綠薄荷、皺葉留蘭香，是目前台灣最常栽培的一種薄荷，也是萬用的香料植物，泰式料理中的東炎湯或薄荷蝦常用，越南薑黃煎餅通常會和薄荷一起食用，調酒中的mojito也會使用新鮮的薄荷葉。東協廣場幾乎四季都買得到。

東協廣場販售的新鮮荷蘭薄荷

no.110

越南薄荷

名稱 越南薄荷、越南九層塔、Húng cây（越南文）、gingermint（英文）
學名 *Mentha* × *gracilis* Sole
科名 唇形科（Lamiaceae）
原產地 雜交種
生育地 人工栽培
海拔高 不詳

●植物形態與生態

多年生草本，分枝多數，高可達60公分。單葉，十字對生，鋸齒緣。花細小，輪繖花序腋生。

上：越南薄荷的花像花圈一樣開在每一節
左：越南薄荷的花有紫色斑塊
右：越南薄荷的植株

東協廣場販售的新鮮越南薄荷

●食用方式

越南薄荷是適合高溫潮濕環境栽培的薄荷品種，具有非常強烈的薄荷香氣。但是因為長得像九層塔，常被稱為越南九層塔。越南的雞肉料理一定要使用越南薄荷才道地。此外，越南泡茶也常用到。東協廣場的菜攤上幾乎四季可見到。

no.111

蜜蜂花

名稱 蜜蜂花、香蜂草、檸檬香蜂草、Tía tô đất（越南文）、สะระแหน่（泰文）、lemon balm（英文）

學名 *Melissa officinalis* L.

科名 唇形科（Lamiaceae）

原產地 中東

生育地 半遮蔭環境

海拔高 不詳

● 植物形態與生態

多年生草本，分枝多數，全株被毛。單葉，十字對生，鋸齒緣，葉脈於表面凹下。花白色，輪繖花序腋生。堅果細小。

蜜蜂花的植株

● 食用方式

蜜蜂花又稱香蜂草或檸檬香蜂草，外型與薄荷類似，具有檸檬香氣，但是不像薄荷一樣具有涼涼的口感。葉子較嫩，適合生食，一般常加在沙拉中，或是搭配魚肉料理。東協廣場偶爾可見。

東協廣場販售的新鮮蜜蜂花

no.112

紫蘇

名稱	紫蘇、回回蘇、Tía tô（越南文）、ซิโซะ（泰文）、perilla（英文）
學名	*Perilla frutescens* (L.) Britton
科名	唇形科（Lamiaceae）
原產地	印度、東南亞
生育地	山區路旁或潮濕開闊處
海拔高	不詳

● 植物形態與生態

一年生草本或亞灌木，分枝多數，高可達1.5公尺。單葉，十字對生，鋸齒緣，葉脈於表面凹下。花細小，輪繖花序頂生或腋生。小堅果球形，細小。

綠紫蘇植株

紫蘇的果序

東協廣場販售的新鮮紅紫蘇

東協廣場販售的綠紫蘇，並非真正的綠紫蘇，而是同科的香薷，味道比紫蘇還重，學名*Elsholtzia ciliata*，越南稱Kinh giới

● 食用方式

紫蘇是亞洲地區很普遍使用的香料，有紅紫蘇與綠紫蘇兩個品種，綠紫蘇味道更重，但是較適合生食。越南通常在燉菜時加入紫蘇葉，或是在河粉上裝飾，有時生春捲也會包紫蘇。此外，魚及蝦蟹料理也常使用紫蘇，一方面去除腥味，一方面去除海鮮的毒素。東協廣場的菜攤上幾乎四季可見。

COLUMN

東南亞美食推薦

表格所列出的，是自二〇〇一年迄今，我所嚐過的大大小小三百多家東南亞各國餐廳、小吃店後，列舉出我個人最喜歡或認為有特色的店家。抱著與大家分享的心情來寫。其中有些店家已歇業，仍列出以資紀念。

不過，好不好吃是很個人的感覺，而且有些餐廳品項多元，不敢保證大家都可以有跟我相同的美味經驗。另外，台灣的東南亞餐廳非常非常多，我吃過的店家也只是冰山一角，難免會有所遺漏，如有其他好吃的店家，也歡迎大家推薦給我。謝謝！

越南	**河內河粉**	台北市松山區南京東路五段123巷4弄1之3號
	翠林越南餐廳	台北市大安區忠孝東路三段10巷16號
	翠薪越南餐廳	台北市中正區羅斯福路四段24巷11號
	翠園越南餐廳	台北市大安區新生南路三段20之3號
	東南亞風味小火鍋	台北市中正區汀州路一段93號
	鳴心越南小吃	桃園市中壢區中央東路144號
	無名越南小吃	桃園市中壢區元化路1之22號旁 （元化路地下道與中山路75巷口三角窗路邊攤）
	小夏天petit ete	台中市西區五權西四街13巷3號
	越南華僑美食館	台中市中區自由路二段88-3號
	無名越南點心、小吃、菜攤	台中市中區成功路49號至53號前攤販
	品越食舖	南投縣竹山鎮菜園路46號
	越南雜貨店	南投縣竹山鎮菜園路46之3號旁鐵皮屋

柬埔寨	吳哥窟風味小吃	台北市松山區長春路454-2號
	柬埔寨小吃	台中市豐原區中興街50號
泰國	湄河泰國料理	台北市大安區延吉街157-3號
	泰國小館	台北市中正區汀州路三段219號
	瓦城泰國料理	全台連鎖
	藍象廷泰式火鍋	全台連鎖
	K. JOY泰式料理（喬伊小姐）	台中市中區綠川西街135號3樓258B
	泰式小吃	台中市中區綠川西街141號
緬甸 雲南	金三角泰緬雲南小吃店	台北市中正區羅斯福路四段108巷2號，已歇業
	滇味廚房	台北市文山區指南路二段167號
	阿芬雲南破酥包	新北市中和區忠孝街1巷13號
	阿薇緬甸小吃店	新北市中和區華新街27號
	諾貝爾小吃	新北市中和區華新街48之1號
	李園清真小吃	新北市中和區華新街9號
馬來西亞 新加坡	慶城海南雞飯	台北市松山區慶城街16巷8號
	Mamak檔星馬料理	台中市西區中興街130號
	328加東叻沙	台北市中正區北平西路3號2樓
印尼	AKUI阿貴印尼料理小吃店	台中市中區綠川西街175巷3號
	印尼店雅加達2 （Makanan jakarta 2）	台中市中區光復路29號
	尤莉印尼小吃店 （Warung Mbak Yuli）	台中市中區綠川西街175巷6號
	加里曼丹特色小吃 （TOKO Indonesia Makanan Kalimantan）	台中市中區繼光街146號
	Indo Rasa印尼小吃	台中市中區成功路90巷5號
菲律賓	無名現炸香蕉攤	桃園市中壢區長江路65號（耶穌聖心天主教堂門口路邊攤）
	麗姐菲律賓小吃	台中市中區綠川東街8號
	無名菲律賓點心小吃攤	台中市中區綠川西街115之3號
	菲式美食	台中市中區綠川西街143號

泰文	高棉文	緬甸文	馬來文	印尼文	他加祿語	英文	圖鑑頁碼	提及章節
สาคู			sagu/ rumbia	sagu/ rumbia		sago palm	36	1.5
จาก			Pokok Nipah	Nipah		nipa palm、mangrove palm	37	1.5
ชะพลู			Pokok Kaduk			Piper lolot	42	2.10. 13.21
ผักชีฝรั่ง			Pokok Jeraju Gunung	walangan		culantro、Mexican coriander、long coriander	43	2.5.10. 13.18
คูน				Talas padang		giant elephant ear、Indian taro	52	3.13.18
ฟักข้าว				Tepurang		Gac	53	3
						magenta plant	54	3.10
							55	3.10
มะขาม	អំពិល	မန်ကျည်း	Asam jawa	Asam jawa	Sampalok	Tamarind	64	4.5.7.9. 11.14.18
ตาล	ដើមត្នោត			Siwalan		palmyra palm	77	5
ขนุน	ខ្នុរ		Pokok Nangka	Nangka	Langka	Jackfruit	78	5.11. 15.18
จำปาดะ			Cempedak			Cempedak	79	5
						Cheena	80	5
เงาะ			Rambutan	Rambutan	Rambutan	Rambutan	81	5.11.20
กะเพรา			Ruku-ruku	Ruku-ruku		holy basil、tulasi	82	5.19
อัญชัน			Pokok Telang	Kembang telang		Asian pigeonwings、bluebellvine、blue pea、butterfly pea	83	3.5
			Pokok Kari	Salam koja		Curry tree	91	6
มะขามป้อม		ဆီးဖျူပြင်	Pokok Melaka	Malaka		emblic、emblic myrobalan、myrobalan、Indian gooseberry、Malacca tree、amla	100	7.18
			Pokok Kepayang	Kepayang、Keluak			101	7
			Buah Keras	kemiri		candlenut	111	8
มะกรูด		တောရှောက်ခါး	Limau purut	Jeruk purut		Kaffir Lime	112	2.5.8. 10.17.18
คำแสด				Kesumba keling	Atsuwete	Annatto	121	9

植物名稱與使用表

			使用方式				使用國家					各國名稱
序號	中文名	科別	蔬菜	香草香料	水果堅果	其他	越南	泰國	緬甸	印尼	菲律賓	越南文
1	西米	棕櫚科				●		●		●		
2	亞答子	棕櫚科			●			●		●		
3	假蒟	胡椒科	●	●			●	●				lá lốt
4	刺芫荽	繖形科		●			●	●		●		mùi tàu
5	越南白霞	天南星科	●	●			●	●				dọc mùng、rọc mùng、bạc hà
6	木鱉果	瓜科	●		●	●	●			●		Gấc
7	紅絲線	爵床科				●	●					lá cẩm
8	尖苞柊葉	竹芋科				●	●					lá dong
10	羅望子	豆科					●	●	●	●		Me
11	白玉丹	棕櫚科			●	●		●		●		Thốt nốt
12	波羅蜜	桑科			●		●	●	●	●	●	Mít
13	榴槤蜜	桑科			●		●	●		●		Mít tố nữ
14	孟尖	桑科			●		●	●				
15	紅毛丹	無患子科			●		●	●		●	●	Chôm chôm
16	打拋葉	唇形科		●				●		●		Hương nhu tía
17	蝶豆	豆科				●	●	●		●		Đậu biếc
18	咖哩葉	芸香科		●				●	●	●		cà ri
19	麻六甲樹	葉下珠科			●		●	●	●	●		me rừng
20	百加果	大風子科		●						●		
21	石栗	大戟科		●	●	●				●		Lai
22	檸檬葉	芸香科		●	●		●	●	●	●		Chanh Thái
23	胭脂樹	胭脂樹科		●		●	●				●	Điều nhuộm

泰文	高棉文	緬甸文	馬來文	印尼文	他加祿語	英文	圖鑑頁碼	提及章節
สะตอ			Pokok Petai	petai		stink bean	137	5.10.13.14
กระเฉด						water mimosa	138	10
แค		ပေါက်ပန်းဖြူ	Pokok Turi	Turi		vegetable hummingbird	139	10.18.20
ดอกโสน	ស្នោ	ရှသေကျည်း		Jayanti		Egyptian riverhemp	140	10.18.20
บัวสาย		ကြာဖြူပြိန်း				white Egyptian lotus、tiger lotus、Egyptian white water-lily	141	10
แตงกวา		သခွားပင်	Timun	Mentimun	Pipino	Cucumber	142	10
							143	10
		ကနဖော့					144	10
กระชาย	ខ្ជាយ		Pokok Temu Kunci	Temu kunci		Chinese keys、fingerroot、lesser galangal	145	2.5.10.20
มะกอกฝรั่ง	ម្កាក់		Kedondong	Kedondong		June plum	146	10.18
มะกอกไทย	ម្កាក់ព្រៃ、ពោនសុផ្លេ			Kedondong hutan			147	10
ทุเรียนเทศ			Durian belanda	Sirsak	Guyabano	Soursop	148	10.11
ละมุด	ល្មុត		Pokok Ciku	Sawo manila	Tsiko	sapodilla、chikoo	149	10
ลูกน้านม				Sawo duren	Kaimito	Star apple	150	10
มะไฟจีน						wampee、wampi	151	10
สะท้อน	បំពេញរាជ្យ	သစ်တို	Pokok Sentul	sentul、Kecapi	Santol	santol、Dragonfruit	152	10
มะแข่น						cape yellowwood、Indian ivy-rue、Indian pepper	153	10
เตยหอม			Pokok pandan	Pandan wangi	Pandan		161	3.7.10.11.13
ผักเหมียง			Pokok Belinjau	Melinjo			162	11
			Pokok Serai Kayu	daun salam		Indian bay leaf、Indonesian bay leaf	163	8.11
ลางสาด ลองกอง			langsat	Duku	Lansones	langsat、lanzones	164	11
พิกุล		ခရေပင်	bunga tanjung	tanjung		Spanish cherry、medlar、bullet wood	165	11

			使用方式				使用國家					各國名稱
序號	中文名	科別	蔬菜	香草香料	水果堅果	其他	越南	泰國	緬甸	印尼	菲律賓	越南文
24	臭豆	豆科	●					●	●	●		
25	水合歡	豆科	●				●	●				Rau rút
26	大花田菁	豆科	●				●	●	●	●		So đũa
27	田菁	豆科	●				●	●				Điên điển
28	睡蓮花	睡蓮科	●					●				Súng sen
29	泰國黃瓜	瓜科	●				●	●	●	●	●	Dưa chuột
30	越南萝芽	茜草科	●	●			●					Mơ tam thể
31	沼菊	菊科	●				●		●			Ngổ trâu
32	甲猜	薑科		●				●		●		Bồng nga truật
33	沙梨橄欖	漆樹科			●		●	●		●		Cóc
34	爪哇榅桲	漆樹科			●			●				Cóc rừng
35	紅毛榴槤	番荔枝科			●		●	●		●	●	Mãng cầu Xiêm
36	人心果	山欖科			●		●	●		●	●	Hồng xiêm
37	牛奶果	山欖科			●		●	●		●	●	vú sữa
38	黃皮果	芸香科			●		●					Hồng bì
39	山陀兒	楝科			●			●		●	●	Sấu đỏ
40	泰國花椒	芸香科		●			●	●				Hoàng mộc hôi
41	斑蘭	露兜樹科		●			●	●	●	●		Dứa thơm
42	倪藤果	買麻藤科			●			●		●	●	Gắm
43	沙蘭葉	桃金孃科		●						●		Sắn thuyền
44	蘭撒果	楝科			●	●	●	●		●	●	bòn bon
45	香欖	山欖科			●	●			●	●		Sến xanh

泰文	高棉文	緬甸文	馬來文	印尼文	他加祿語	英文	圖鑑頁碼	提及章節
กล้วย	ចេក	ငှက်ပျော	Pisang nipah	Pisang kepok	Saba	Saba banana	172	3.6.8.9. 10.12.16
แมงลัก				Kemangi		Lemon basil、hoary basil、Thai lemon basil、Lao basil	180	13
ผักแพว			daun kesum			Vietnamese coriander	181	2.3. 10.13
ผักแขยง	ម្អម					rice paddy herb	182	2.3. 10.13
คาวทอง พลูคาว						fish mint、fish leaf、rainbow plant、chameleon plant、heart leaf、fish wort	183	3.13.18
มะตูม		ဥသျှစ်ပင်		Maja	Bael	bael、Bengal quince、stone apple、wood apple	189	14.16
มะขวิด แป้งพม่า	ខ្វិត	သနပ်ခါး သီးပင်		Kawista		wood-apple、elephant-apple、Thanaka	190	14
เนียง		တညင်းသီး	jering	jengkol		Djenkol、Jenkol、Jering	192	14
กระเจียบเปรียว		ချဉ်ပေါင်	Asam belanda	Rosela		Roselle	194	14
ส้มปอย		တရော် တရ ကင်ပွန်းချဉ်ပင်					195	14
							196	14
		ဆေးကုလားမ					197	14
หว้า		အဓောင်သပြေ	Pokok Jambu keling	Jamblang	Duhat	Jambolan、Jamun、Java plum	198	14
มะเขือเปราะ						eggplant	206	10.15
ตาลปัตรฤาษี			Pokok Keladi Senduk	Genjer		yellow velvetleaf、sawah flower rush、sawah lettuce	207	15
มันมือเสือ			Ubi torak	Gembili	tugi	lesser yam	208	15
กระสัง				Tumpangan air	pansit-pansitan、ulasimang-bato	pepper elder、shining bush plant、man to man	209	15
ผักหวานปา							210	15
ใบย่านาง	វល្លិយារ						211	15
สะเดา	ស្ដៅ	တမာပင်	Pokok Mambu	Mimba		neem、nimtree、Indian lilac	212	10.15

			使用方式				使用國家					各國名稱
序號	中文名	科別	蔬菜	香草香料	水果堅果	其他	越南	泰國	緬甸	印尼	菲律賓	越南文
46	芭蕉	芭蕉科	●		●	●	●	●	●	●	●	Chuối
47	檸檬羅勒	唇形科		●			●	●		●		É、é trắng
48	叻沙葉	蓼科		●			●	●		●		Rau răm
49	越南毛翁	車前科		●			●	●				Ngò ôm
50	魚腥草	三白草科	●	●		●	●	●	●			Giấp cá
51	木敦果	芸香科			●	●		●	●	●		
52	黃香楝	芸香科			●	●	●	●	●	●		Quách
53	緬甸臭豆	豆科	●					●	●	●		
54	洛神葉	錦葵科	●			●	●	●	●		●	Bụp giấm
55	藤金合歡	豆科	●			●			●			Keo lá me
56	棕苞米	棕櫚科	●						●			
57	雪燕	錦葵科				●			●			
58	傲搭杯	桃金孃科			●	●		●	●	●	●	Trâm mốc
59	小圓茄	茄科	●				●	●	●			Cà pháo
60	黃花藺	澤瀉科	●				●	●		●		Kèo nèo
61	刺蜜薯	薯蕷科	●				●	●	●	●	●	Khoai từ
62	草胡椒	胡椒科	●				●	●		●	●	Rau càng cua
63	南甜菜樹	山柚科	●				●	●				Rau sắng
64	雅囊葉	防己科	●			●	●	●				cây sương sâm
65	印度楝	楝科	●				●	●	●	●		Sầu đâu

泰文	高棉文	緬甸文	馬來文	印尼文	他加祿語	英文	圖鑑頁碼	提及章節
ดอกขจร						Chinese violet、cowslip creeper、Pakalana vine、Tonkin jasmine、Tonkinese creeper	213	15
ผักแปม						Siberian ginseng、eleuthero	220	14.16
ผักชีล้อม		စမုန်စပါး	Pokok Adas	Adas	Haras	Fennel	221	16.18
มันสำปะหลัง			Ubi kayu	Ketela pohon	Kamoteng-kahoy	Cassava	222	1.9.16.17.18.20
ลินฟ้า ฝักเพกา		ကြောင်လျှာ	Pokok Bonglai			midnight horror、Indian trumpet flower、broken bones、Indian caper、tree of Damocles	224	10.16.18
						Hooker chives、garlic chives	226	14.16
ตำลึง		ကင်းပုံပင်	Pepasan			ivy gourd、scarlet gourd、tindora、kowai fruit	227	16
มะรุม		ဒန့်သလွန်	Pokok Kelor	Kelor	Malunggay	moringa、drumstick tree、horseradish tree、ben oil tree、benzoil tree	228	14.15.16
ชะอม（Cha-om）	ស្អំ	ဆူးပုပ်ကြီး					234	17.18
ผักหวานบ้าน			Pokok cekur manis	Katuk		katuk、star gooseberry、sweet leaf	236	10.13.15.17.18
มะเขือพวง（Ma-kheu-puang）			Pokok Terung Pipit	Takokak、Terong cepoka		turkey berry、prickly nightshade、shoo-shoo bush、wild eggplant、pea eggplant、pea aubergine	237	17
						sea fig、deciduous fig	238	16.17
กุ่มบก		ခံတက်ပင်				sacred garlic pear、temple plant	245	18
							246	18
							248	18
							249	18

			使用方式				使用國家					各國名稱
序號	中文名	科別	蔬菜	香草香料	水果堅果	其他	越南	泰國	緬甸	印尼	菲律賓	越南文
66	大夜香花	夾竹桃科	●				●	●				hoa thiên lý
67	苦簕簕	五加科	●			●		●	●			Sâm Tây Bá Lợi Á
68	茴香根	繖形科	●				●	●	●	●	●	Tiểu hồi hương
69	樹薯葉	大戟科	●			●	●	●	●	●	●	Sắn
70	木蝴蝶	紫葳科	●					●	●			Núc nác
71	擻菜根	石蒜科	●					●	●			
72	鳳鬚菜	瓜科	●		●		●	●	●	●		Dây bát
73	辣木	辣木科	●			●	●	●	●	●	●	Chùm ngây ba đậu dại
74	臭菜	豆科	●					●	●			
75	守宮木	葉下珠科	●				●	●		●		Rau ngót
76	鈕扣茄	茄科	●				●	●	●	●		Cà dại hoa trắng
77	雙胞菜	桑科	●					●	●			Sung kiêu、Sộp
78	雞爪菜	山柑科	●					●	●			
79	毛蛇藤	鼠李科	●					●				
80	糯米香	爵床科		●				●				
81	羊奶果	胡頹子科			●		●	●	●			Nhót dại

泰文	高棉文	緬甸文	馬來文	印尼文	他加祿語	英文	圖鑑頁碼	提及章節
มะยม			Pokok Cermai	Cermai	Karmay	Otaheite gooseberry、Malay gooseberry、Tahitian gooseberry、Country gooseberry、Star gooseberry、Starberry、West India gooseberry、simply Gooseberry tree	250	10.18
ตะไคร้				Serai		lemon grass、oil grass	257	5.6.7.8.9.10.11.13.17.18.19
ขมิน		နနွင်း	kunyit	kunyit	Luyang-dilaw	Turmeric	258	3.4.5.6.8.10.12.18.19.20
ข่า		ပတဲကောကြီး	Lengkuas	Lengkuas		greater galangal	259	2.5.8.10.17.18.19
						Guinea arrowroot、sweet corn root	265	20
คะน้าเม็กซิโก						chaya、tree spinach	266	20
โสน ดอกโสน	ស្នោ						267	20
มะไฟ		ကနစိုးပင်				Burmese grape	268	18.20
ละไม			Pokok Rambai	Rambai、Rambi		Rambai、Rambi	269	20
เงาะขนสั้น			Pulasan	Kapulasan		Pulasan	270	20
สละ			Pokok Salak	Salak		Salak、snake fruit	271	20
ดาหลา			Pokok Bunga Kantan	Kecombrang		red ginger lily、torch lily、wild ginger	272	20
เปราะหอม		ကွမ်းစားဂမုန်း	Cekur	Kencur		kencur、aromatic ginger、sand ginger、cutcherry、resurrection lily	273	20
กระชายดำ						Thai black ginger、Thai ginseng、krachai dum	274	20
				Cincau hijau		Grass jelly	275	20
ผักหนาม			Geli-geli、gali-gali				276	20

			使用方式				使用國家					各國名稱
序號	中文名	科別	蔬菜	香草香料	水果堅果	其他	越南	泰國	緬甸	印尼	菲律賓	越南文
82	西印度醋栗	葉下珠科			●		●	●	●	●	●	Chùm ruột
83	檸檬香茅	禾本科		●			●	●	●	●	●	Sả chanh
84	薑黃	薑科		●		●	●	●	●	●	●	Nghệ
85	南薑	薑科		●			●	●	●	●		Riềng nếp
86	越南土豆	竹芋科	●				●					cây củ lùn năng tàu
87	樹菠菜	大戟科	●					●				
88	爪哇田菁	豆科	●				●	●				
89	木奶果	葉下珠科			●		●	●	●			A luân sa coi
90	藍白果	葉下珠科			●			●		●		
91	葡萄桑	無患子科			●			●		●		
92	蛇皮果	棕櫚科			●		●	●		●		
93	火炬薑	薑科	●	●				●		●		
94	沙薑	薑科		●				●	●	●		
95	泰國黑薑	薑科				●		●				
96	印尼愛玉	馬鞭草科				●				●		
97	刺芋	天南星科	●					●				

泰文	高棉文	緬甸文	馬來文	印尼文	他加祿語	英文	圖鑑頁碼	提及章節
			Pokok Ulam Raja	Kenikir			277	11.20
ผักกระถิน กระถิน		အဝရော	petai belalang	petai cina、petai selong、Lamtoro	Ipil-ipil	white leadtree、jumbay、river tamarind、subabul、white popinac	282	8.9.21
บัวบก		မြင်းခွာပင်	Pokok Pegaga	Pegagan		centella、Asiatic pennywort、Gotu kola	283	11.21
พรมมิ						waterhyssop、brahmi、thyme-leafed gratiola、water hyssop、herb of grace、Indian pennywort	284	2.21
			Pokok Ara Kelumpong			common red stem fig、green fruited fig、variegated fig	285	21
พริกไทย		ငရုတ်ကောင်းပင်	Lada hitam	Lada	Paminta	Black pepper	286	1.2.6.8.9.11.21
พลู		ကွမ်းရွက်ပင်	Sirih	Sirih	Ikmo	betle	287	11.21
งิ้ว				Randu alas		cotton tree、red silk-cotton、red cotton tree	288	1.16.21
มะหาด		မျောက်လုပ်	Pokok Keledang Beruk			monkey fruit、Monkey Jack	289	21
จันทน์เทศ		ဇာတိပ္ဖိုလ်	Buah pala	Pala	Moskada	fragrant nutmeg、nutmeg	290	1.8.9.13.21
กานพลู		လေးညှင်း	Cengkih	Cengkih		Clove	291	1.6.8.11.13.21
สเปียร์มินต์						curled spearmint	292	21
						gingermint	293	21
สะระแหน่						lemon balm、balm mint	294	21
ชิโซะ			Pokok Pudina Jepun			Shiso、perilla	295	21

			使用方式				使用國家					各國名稱
序號	中文名	科別	蔬菜	香草香料	水果堅果	其他	越南	泰國	緬甸	印尼	菲律賓	越南文
98	帝皇烏藍	菊科	●							●		Sao nhái hồng
99	銀合歡	豆科	●					●	●	●		Keo dậu
100	雷公根	繖形科				●	●	●	●	●		Rau má
101	過長沙	車前草科	●	●			●					Rau đắng biển
102	幹花榕	桑科	●				●					Sung trổ、Lá sung
103	胡椒	胡椒科		●			●	●	●	●	●	Hồ tiêu
104	荖葉	胡椒科		●			●	●	●	●	●	Trầu không
105	木棉花	錦葵科	●					●				Cây gạo
106	猴面果	桑科			●	●		●				
107	肉豆蔻	肉豆蔻科		●						●		
108	丁香	桃金孃科		●						●		Đinh hương
109	荷蘭薄荷	唇形科		●			●	●		●		lục bạc hà
110	越南薄荷	唇形科		●			●					Húng cây
111	蜜蜂花	唇形科		●			●	●				Tía tô đất
112	紫蘇	唇形科		●			●	●				Tía tô

參考文獻

1 Alfred W. Crosby，The Columbian Exchange：Biological and Cultural Consequences of 1492(30th Anniversary Edition)。鄭明萱譯，2013。哥倫布大交換：1492年以後的生物影響和文化衝擊（初版）。貓頭鷹。

2 Andy Ricker, JJ Goode，Pok Pok：Food and Stories from the Streets, Homes, and Roadside Restaurants of Thailand。高育慈譯，2017。泰國原味菜：POK POK 傳奇名廚在地尋味廿年，揭開街頭美食的身世及精髓（初版）。大家出版。

3 Christopher Goscha，The Penguin History of Modern Vietnam。譚天譯，2018。越南：世界史的失語者（初版）。聯經出版公司。

4 Pakamas Tangsiripinyo，いちばんやさしいタイ料理。許書華譯，2018。泰廚料理長的泰料理：道地傳統菜＆美味餐廳菜＆人氣經典菜，從料理到飲食文化，從前菜小食到甜品點心，收錄105種酸×甜×鹹×辣的魅力泰國美食（初版）。邦聯文化。

5 박경은（朴景恩）、정환승（鄭煥昇），태국 다이어리, 여유와 미소를 적다：똠얌꿍에서 무아이타이까지 태국 역사와 문화 이모저모 이야기。高毓婷譯，2017。你所不知道的泰國：從歷史、社會、風俗與信仰透視泰國文化的美麗與哀愁（初版）。麥浩斯。

6 上下游新聞市集，2014。2014緬甸轉捩關鍵報告。上下游新聞市集。

7 山本紀夫，トウガラシの世界史 - 辛くて熱い「食卓革命」。陳嫺若譯，2018。辣椒的世界史：橫跨歐亞非的尋味旅程，一場熱辣過癮的餐桌革命（初版）。馬可孛羅 。

8 尤次雄，2018。Herbs香草百科：品種、栽培與應用全書（二版）。麥浩斯。

9 王志弘，2008。族裔化地方的空間生產與空間政治：台北都會區東南亞消費地景的比較研究。2008年台灣社會學會年會會議論文。

10 王志弘、沈孟穎，2009。疆域化、縫隙介面與跨國空間：台北市安康市場「越南街」族裔化地方研究。台灣社會研究季刊第七十三期：P119-166。

11 王志弘、沈孟穎、林純秀，2009。族裔公共空間的劃界政治：台北都會區外圍東南亞消費地景分析。台灣東南亞學刊6卷1期：P3—48。

12 王秋美，2017。隨著新住民飄洋過海來的豆科蔬菜植物。國立自然科學博物館館訊第360期。

13 王梅，2011。酸甜開胃，盛夏來吃越南菜！康健雜誌153期。

14 王瑞閔，2018。東南亞香料十八選。好吃32：香料學－台灣、東南亞、印度、中東香料裡的迷人事：P46-53。麥浩斯。

15 王瑞閔，2018。看不見的雨林——福爾摩沙雨林植物誌（初版）。麥浩斯。

16 古晴雯、蔡哲弘、甘峻瑋，2016。潛「移」默化－探討外籍移工對桃園文化地景變遷之影響。

17 尼克，2010。家有香草超好用（初版）。麥浩斯。

18 平子／ Ping ／ ผิง，2017。泰式炒粿條的政治身世。八百萬種食法。

19 石澤良昭，東南アジア：多文明世界の発見。林佩欣譯，2018。亦近亦遠的東南亞：夾在中印之間，非線性發展的多文明世界（初版）。八旗文化。

20 好吃研究室，2018。好吃32：香料學－台灣、東南亞、印度、中東香料裡的迷人事。麥浩斯。

21 好吃研究室、林勃攸、郭泰王、熊懌騰，2016。餐桌上的香料百科：廚房裡的玩香實驗！從初學到進階，料理、做醬、調香、文化的全食材事典（初版）。麥浩斯。

22 羽田正，東インド会社とアジアの海。林詠純譯，2018。東印度公司與亞洲的海洋：跨國公司如何創造二百年歐亞整體史（精裝）（初版）。八旗文化。

23 何則文、黃一展、林南宏、李宗憲等，2017。青寫給青年的東協工作筆記：歷史、產業、生活、民情觀察（初版）。寫樂文化。

24 吳比娜，2003。ChungShan ——台北市菲律賓外籍勞工社群空間的形成。國立台灣大學碩士論文。

25 吳老拍，2016。「泰北孤軍，心向祖國——中華民國台灣 」《滇緬三部曲》影評與導演李立劭專訪。獨立評論@天下。

26 吳依恬、張鈞凱、陳婷婷、李盈瑜、簡志翰，2002。台灣多元文化的見證－中和「緬甸街」。

27 吳美瑤，2004。霸權空間的破綻－以外籍移工假日聚集的台北車站爲例。國立中興大學碩士論文。

28 宋家瑜，2017。走出台南火車站，看見國境之南的東南亞移工。報導者。

29 李育琴，2017。用植物妝點食物 餐桌上的調色盤。環境資訊中心電子報。

30 李寬心，2013。翻版！異國街區。台北畫刊電子報。

31 杜晉軒，2018。東南亞文化在台灣，能長久嗎？。TheNewsLens關鍵評論。

32 岩崎育夫，入門　東南アジア近現代史。廖怡錚譯，2018。從東南亞到東協：存異求同的五百年東南亞史（初版）。商周出版。
33 林春吉，2009。台灣水生與濕地植物生態大圖鑑（上冊）（初版）。天下文化。
34 林春吉，2009。台灣水生與濕地植物生態大圖鑑（中冊）（初版）。天下文化。
35 社團法人中華民國南洋台灣姊妹會、胡頎，2017。餐桌上的家鄉（初版）。時報出版。
36 屏東縣里港鄉滇緬民俗文化協會，2015。屏東縣里港鄉定遠自治社區農村再生計畫。屏東縣政府。
37 洪東煒，2017。爲什麼新住民要淪爲「新南向熱」的作秀工具？。TheNewsLens關鍵評論。
38 夏洛特，2009。我的雨林花園（初版）。商周。
39 夏洛特，2009。雨林植物觀賞與栽培圖鑑（初版）。商周。
40 夏曉鵑，2018。從「外籍新娘」到「新住民」走了多遠？（一）（二）（三）。獨立評論@天下。
41 宮相芳，2012。新北市中和區華新街「小緬甸」的飲食文化研究。台灣人類學與民族學學會論文。
42 袁緒文，2016。新住民食用香料植物運用初探—以印尼籍新住民爲例。台灣博物季刊35卷第4期：P32-430。國立台灣博物館。
43 袁緒文，2017。餐桌上的東南亞小劇場「南洋味 · 家鄉味特展」。台灣博物季刊36卷第3期：P6-19。國立台灣博物館。
44 國立台灣博物館，2017。「南洋味 · 家鄉味」特展。
45 張正，2014。外婆家有事：台灣人必修的東南亞學分（初版）。貓頭鷹。
46 張正，2018。誰的邊境？從李立劭的《滇緬游擊隊三部曲》談起。獨立評論@天下。
47 張正儀，2016。從中山北路飛到馬尼拉，小菲律賓區散步。One-Forty。
48 張育銓，2018。從食物到閨物：馬來西亞與印尼的荖葉觀察。自由評論網專欄。
49 張明、于井堯，2006。中外文化交流史（初版）。吉林文史出版社。
50 張哲生，2015。國民政府遷台後興建的第一座眷村，桃園平鎮的忠貞新村。
51 張蘊之、許紘捷，2014。吳哥深度導覽：神廟建築、神話傳說、藝術解析完整版（初版）。貓頭鷹。

52 曹銘宗，2016。蚵仔煎的身世：台灣食物名小考（初版）。貓頭鷹。

53 梁東屏，2017。閒嗑牙@東南亞（初版）。印刻。

54 許乃云、易宣慧、儲存艾，2017。從「第一廣場」到「東協廣場」。

55 許弘毅，2000。中山北路聖多福教堂地區菲籍外勞的空間使用及其影響之研究。淡江大學碩士論文。

56 許麗芩，2017。美軍帶來休閒娛樂與商機 晴光商圈昔日的舶來品購物天堂。臺北畫刊。

57 郭琇眞，2015。洛神葉也能吃？緬甸老師：這樣煮就對了。上下游新聞市集。

58 陳又津，2018。【愛在星期天番外篇】金萬萬大樓的前世今生。鏡周刊。

59 陳子琳，2017。八福商店：隱身在台北角落的印尼移工祕密基地。One-Forty。

60 陳玉峰，2010。前進雨林（初版）。前衛。

61 陳佑婷，2015。整個金邊就是大工地6成屋主是台灣人。好房網News。

62 陳佳榮，1978。朱應、康泰出使扶南和《吳時外國傳》考略。《中央民族大學學報：哲學社會科學版》1978年第4期：P73-79。

63 陳虹穎，2007。台北車站／小印尼：從都市治理術看族裔聚集地。國立台灣大學碩士論文。

64 陳凱翔，2016。台北印尼街，都市縫隙中的一頁精采篇章。One-Forty。

65 陳瑩眞（Oanh Trân），2017。越南老師的道地越料理：香茅×紫蘇葉×南薑×魚露×椰漿×煉乳，越清爽越好吃，一試就上癮（初版）。和平國際。

66 陳靜宜，2018。啊，這味道：深入馬來西亞市井巷弄，嚐一口有情有味華人小吃（初版）。聯經出版公司。

67 陳鴻瑜，2015。泰國史（增訂版）。台灣商務。

68 陸奧，2017。吳哥窟——全世界最大的毗濕奴神殿。陸奧紀行物語。

69 焦桐，2013。滇味到龍岡（初版）。二魚文化。

70 黃啓瑞，2017。飲食：多元文化的理解途徑「南洋味·家鄉味」策展思考與嘗試。台灣博物季刊36卷第3期：P26-37。國立台灣博物館。

71 楊俊業，2015。泰國美食：「泰式粿條」別再稱泰式米粉湯 一碗「粿條」認識泰國華人移民文化。VISION THAI。

72 楊致福，1951。台灣果樹誌。台灣省農業試驗所嘉義農業試驗分所。

73 楊路得，2018。台灣味菜市場（初版）。晨星。

74 楊慧梅，2017。【南洋味】新住民家鄉味 餐桌上的文化風景與生物多樣性。環境資訊中心電子報。

75 楊環靜，2009。眷村菜市場（初版）。太雅出版社。

76 葉欣玫，2010。從生根到深根：印尼華僑來台後的生活面貌。客語及文化田調研討會論文。

77 葉欣玫，2010。從異域到在地：印尼華僑來台後的生活面貌。臺灣語言文化分布與族群遷徙工作坊論文。

78 葉欣玫，2010。蟄伏於歷史的記憶：龍潭鄉內的印尼客僑。國立高雄師範大學碩士論文。

79 廖靜蕙，2017。「南洋味」特展 認識餐桌上的東南亞植物利用智慧。環境資訊中心電子報。

80 劉明芳，2017。道地南洋風，家常料理開飯！椰糖+辛香料，50道印尼家傳祕方，增色、添香、調味，酸辣甜一吃上癮！（初版）。麥浩斯。

81 劉碧鵬、方信秀、張麗華主編，2011。新興果樹栽培管理專輯。行政院農業委員會農業試驗所。

82 蔡金鼎，2016。譜寫城市歷史的老市場，從第一市場到東協廣場。

83 蔡雅惠、曾敬翔、饒志豪，2008。客家心滇緬情－南台灣美斯樂之探索。

84 鄧采妍，2016。桃竹苗地區印尼客家外籍配偶的認同變遷。國立中央大學碩士論文。

85 鄧慧純，2017。「南洋味．家鄉味」特展 品一杓酸甜苦辣。台灣光華雜誌42卷第9期：P116-122。光華畫報雜誌社。

86 應紹舜，1992。台灣高等植物彩色圖誌第四卷（初版）。作者自行出版。

87 應紹舜，1993。台灣高等植物彩色圖誌第二卷（二版）。作者自行出版。

88 應紹舜，1995。台灣高等植物彩色圖誌第五卷（初版）。作者自行出版。

89 應紹舜，1996。台灣高等植物彩色圖誌第三卷（二版）。作者自行出版。

90 應紹舜，1998。台灣高等植物彩色圖誌第六卷（初版）。作者自行出版。

91 應紹舜，1999。台灣高等植物彩色圖誌第一卷（三版）。作者自行出版。

92 謝祝芬，2015。《老字號》美斯樂的滋味　泰國小館。壹週刊。

93 謝祝芬，2015。買假護照來台　這家子異域孤兒這樣活下來。壹週刊。

94 簡永達，2016。台中一廣將變成誰的東協廣場？。報導者。

95 簡永達，2016。第一廣場，移工築起的地下社會。報導者。

96 鐘德明，2014。屏東縣里港鄉信國社區社區食用植物與地方特色美食。屏東縣里港鄉信國社區發展協會。

舌尖上的東協 東南亞美食與蔬果植物誌

既熟悉又陌生，那些悄然融入台灣土地的南洋植物與料理

作者　王瑞閔
社長　張淑貞
總編輯　許貝羚
責任編輯　謝采芳
校對協力　王瑋湞、劉家駒、陳子揚
封面設計　三人制創
設計協力　關雅云
插畫繪製　胖胖樹 王瑞閔
行銷企劃　曾于珊

發行人　何飛鵬
事業群總經理　李淑霞
出版　城邦文化事業股份有限公司．麥浩斯出版
地址　104 台北市民生東路二段141號8樓
電話　02-2500-7578　傳真　02-2500-1915
購書專線　0800-020-299

發行　英屬蓋曼群島商家庭傳媒股份有限公司城邦分公司
地址　104 台北市民生東路二段141號2樓
讀者服務電話　0800-020-299（09:30 AM ～ 12:00 PM · 01:30 PM ～ 05:00 PM）
讀者服務傳真　02-2517-0999
讀者服務信箱　E-mail：csc@cite.com.tw
劃撥帳號　19833516
戶名　英屬蓋曼群島商家庭傳媒股份有限公司城邦分公司

香港發行　城邦〈香港〉出版集團有限公司
地址　香港灣仔駱克道193號東超商業中心1樓
電話　852-2508-6231　傳真　852-2578-9337
馬新發行　城邦〈馬新〉出版集團Cite(M) Sdn. Bhd.(458372U)
地址　41, Jalan Radin Anum, Bandar Baru Sri Petaling, 57000 Kuala Lumpur, Malaysia
電話　603-90578822　傳真　603-90576622

製版印刷　凱林彩印股份有限公司
總經銷　聯合發行股份有限公司
地址　新北市新店區寶橋路235巷6弄6號2樓
電話　02-2917-8022　傳真　02-2915-6275

版次　初版11刷2023年9月
定價　新台幣550元／港幣183元

國家圖書館出版品預行編目(CIP)資料

舌尖上的東協：東南亞美食與蔬果植物誌 / 王瑞閔著. -- 一版. -- 臺北市：麥浩斯出版：家庭傳媒城邦分公司發行, 2019.01　面；　公分
ISBN 978-986-408-459-3(平裝)

1. 香料 2. 飲食風俗 3. 東南亞　463.48　107021774